你不自信，哪来资本

谢 普◎编著

中国出版集团 现代出版社

图书在版编目（CIP）数据

你不自信，哪来资本 / 谢普编著 . -- 北京 : 现代出版社，2019.1

ISBN 978-7-5143-6816-1

Ⅰ . ①你… Ⅱ . ①谢… Ⅲ . ①成功心理—通俗读物 Ⅳ . ① B848.4-49

中国版本图书馆 CIP 数据核字（2018）第 198906 号

你不自信，哪来资本

作　　者	谢　普	
责任编辑	杨学庆	
出版发行	现代出版社	
通讯地址	北京市安定门外安华里 504 号	
邮政编码	100011	
电　　话	010-64267325　64245264（传真）	
网　　址	www.1980xd.com	
电子邮箱	xiandai@vip.sina.com	
印　　刷	北京兴星伟业印刷有限公司	
开　　本	880mm×1230mm　1/32	
印　　张	5	
版　　次	2019 年 1 月第 1 版　2022 年 1 月第 2 次印刷	
书　　号	ISBN 978-7-5143-6816-1	
定　　价	39.80 元	

Contents 目 录

天生我材必有用，
自信是成功的第一步

能说能行的人，有的是一颗坚决的心

在我们身边，什么人最值得我们称颂呢？根据大多数人的意见，唯有"能说能行"的人，是最难能可贵的。

当年曾有一位皇帝，问过一位哲学家：谁是最快乐最幸福的人呢？

哲学家的回答真出乎皇帝的意料，他说：谁能这么想，能这么做到，他就是最快乐与幸福的。

爱默生说：

这世界只为两种人开辟大路：一种是有坚定意志的人，另一种是不畏惧阻碍的人。

他又说：那些"紧驱他的四轮车到星球上去"的人，倒比在泥泞道上追踪蜗牛行迹的人，更容易达到他的目的呢！

的确，一个意志坚定的人，是不会恐惧艰难的。尽管前面有阻止他前进的障碍物，它可阻止他人，却不能阻止意志坚定的人的脚步。他会排除这障碍物，然后继续前进。尽管路上有使人跌倒的滑石，但它只能使他人跌倒，意志坚定的人，行进时脚跟步步踏实，滑石也奈何不得他。

自信是成功之祖！只要我们有自信，便能增强才能，使精力加倍。

你应该训练你的思想，使自己具有坚信的强力，自决的重量，以及自信的能力。要是你在这些方面都软弱，那么，你的思想也将软弱，以致你的工作能力也将因此脆弱。

许多人不能具有坚强而深刻的信念，他们往往注重表面，忽略实际，他们没有自己的思想，不论任何人的意志，都可以使他们转变态度。

拿破仑·希尔认为"骑墙派"的思想，是最最危险不过的。当左边得势的时候，你就归向左边；等到右边风行的时候，你又附和了右边。——你以为这是最圆滑的手段吗？可惜，你已成了一个没有主见、没有思想的人，这是何等的可怜啊！

所以，不可"骑墙"观望，你必须肯定地决定：在左边，或是在右边。不过，决定以后，你就得坚决地维护你的主张，任何阻挠与艰难，不可转移你的志气。——具有这么始终贯彻的思想，才能够成就伟大的事业。

反过来说，要是你决定了某一个方针，等到一遇到阻碍，就将你的决心动摇了，或者是游离不定，结果常常受反对方面的支配，以及被不赞同你意见的人所操纵——不用说，你的事业就此全盘失败了。

因此，凡是浮动不可靠，缺少决断力，没有确切决定的人，往往失败的时候多，成功的机会少。

请你们想吧！一个人要是没有力量与决心，还有什么用处呢？如果他只有表面的自信，却没有一些主见，那还有谁能信任他呢？尽管他是一个好人，但是，他绝不能引起他人的信任。每当有重大事情发生，或者正当危急的时候，也不会有人想到去请教他。

一个人的自信力，要是不能控制他自己，那么他最多仅能在生命中获得极小的成就。

一个人的自信力，能够控制他自己的生命的血液，并能将他的"坚定"坚强地运行下去。这不愧是一个有能力的人，能够担负起艰巨的责任，这样的人才是可靠的。

如果一个人能够了解坚定的力量，能够把他所希望的在心灵上牢牢地把握住，然后向着这理想目标艰苦不懈地努力，那么，他一定可以排除种种的不幸与困难，而达到理想中的最高峰。

我们再谈谈"意志力"，所谓意志力的运用，也可以说是坚定的另一种形式——意志，就是做一件事情的"决心"，正如"坚定"自己的力量去做某一件事一般。在这个世界上，要是没有坚定的意志力，不论做什么事情，绝不能获得成功。

意志坚定的人，在工作尚未完成前，要他中途退缩，那是绝对不可能的。因为，他对于工作有坚定的信仰，他相信能够从事眼前的工作，他相信能够应付眼前的阻碍，他相信能够克服眼前的困境。他并能随时坚定进行的能力，随时坚定进行的决心，这使他通过困难，使他轻视障碍，使他嘲笑不幸，使他增强了成功的力量。——这力量一增添，再配合他的天才与智慧，便可以从容地应付各种工作了。

所以，我们需要时常坚定地增加勇气，因为勇气便是信任的基干。——能够获得他人信任的人，必定是勇谋兼备的人。

再进一步说，当一个人落入困难的处境时，只要能够坚决地说：

——我必定……

——我能够……

——我要……

这不仅可以增强他的勇气，加强他的自信，并且可以减弱对方的力量。——不论在什么事情上，只要强化了积极的意志，便会减弱那相关的消极的意志。

如果你遇到一件艰难的事情，你不必退缩与灰心，也不必彷徨与犹疑，只要赶快增强你那积极的意志，去排除你那消极的意志，等到你"正的力量"已胜过了"负的力量"时，你的事也就做成了。

自信人生二百年，会当水击三千里

在社会中，只有自立自主的人才能打开成功的大门。同时，也只有自信的人才能找到打开自立自主这扇大门的钥匙。

1952年5月，夏普公司创始人早川德次前往美国去参观电视机厂，并向他们提出了技术合作建议。回国后，他准备向政府申请制造电视机。

而这时全日本只有早川德次发展电视机生产，其余家电业厂商大多持怀疑态度，他们嘲笑早川德次："电视在日本根本没有远景可言，光是生产设备就要一笔巨额投资，我们为什么要在未知利润的情况下下这样大的赌注呢？难道把声宝公司弄垮了也在所不惜吗？"

早川德次并不理会这些冷嘲热讽，从1952年开始，他就大胆投资，开设电视工厂，致力于黑白电视机的制造。因为早川德次非常自信，他已经预测到他的决策是正确的。

不久，日本第一家民营电视台宣告成立。荧光屏上所出现的奇观吸引了无数的观众。电视机从此渐渐被人接受，早川德次生产的电视机销售量渐增，他从电视机生产中获取的高额利润，使日本企业家不禁眼热，原来的厂商也争先恐后投资电视机生产。

早川德次正是依靠自信而成为一个自主自立的人，并获得了成功。在早川德次的成功故事里，我们清楚看到了自信的力量。

没有势力、资本以及背景，这都不要紧，因为有信心的人，正是要依靠自己获得一切！而没有信心的人，即使有这一切：势力、资本、背景，那么他还是无法自立，因为他缺乏一种最关键的力量：自信的力量！

1. "我自信，我成功"

"我自信，我成功"是奥运乒乓球冠军孔令辉在广告中的一段独白，这大概也正是孔令辉的心声。

每一个乒乓球爱好者一定熟悉孔令辉打球的风格。孔令辉的球最大的特点就是自信。据解说员介绍，孔令辉平时喜欢看书，爱动脑筋、爱思考，也非常聪明，因而打球时非常自信。例如，他在比赛中很少征求教练的意见，对自己的打法非常有信心。

而孔令辉的老前辈李富荣是一个更自信的人。

李富荣曾是我国的乒乓球国手和乒乓球队教练。自第26

届世界乒乓球锦标赛始，他连获了三次世界冠军，并且是三届团体赛的夺冠成员。当上教练后，在他的带领下，中国乒乓球队走出低谷，在第38届世乒赛上包揽了全部冠军，为国家争了光。

回顾李富荣的运动生涯，他获得成功的因素有很多，但归结起来，最重要的一点是他的那种不服输的精神，那种"我要赢，我要赢"的自信。

李富荣的自信从小就表现了出来，一上乒乓球台他就瞪起双眼，显出一股只想赢不想输的劲头。靠着这股劲头，他赢得了教练的欣赏，也正靠着这股劲头，年少的李富荣竟赢过一位曾在全国比赛中拿过第三名的女将。

自信并不是凭空产生的，而是形成于刻苦训练。为了提高自己的乒乓球技术，李富荣苦练不止。有一段时间，为了提高自己的挥拍力量，他每天都要挥拍几百次上千次。有时，连夜里做梦也挥拍子。他的球拍就放在枕边，有一天半夜里，他竟在睡梦中操起了那个球拍，使劲挥动。"啪"的一声打在睡在旁边的周兰苏的头上。

正是缘于这种自信，李富荣逐步形成了顽强、凶猛的球风，并给他的乒乓球事业带来了巨大成功。观众都亲昵地称他为"拼命三郎"。另一位乒乓球老将徐寅生后来回忆往事时说："我打球，最怕李富荣和张燮林。你跟他们打球，心里难受，好像老赢不了他们似的。"

在第35届乒乓球锦标赛上，中国男队大败而归，这可是25届世乒赛以来最惨重的失败。

一位记者请他发表赛后的感想，李富荣回答说："匈牙利队重新夺得世界冠军很不容易，用了整整27年时间。我相信，我们中国队夺回世界杯，绝不需要27年。"

李富荣有这样的决心，他在日记本的扉页上写道："36届一定要打翻身仗！翻不了身，我就下台！"

李富荣对成功充满了信心。他认为，第35届世乒赛上的失利，除了技术因素之外，最主要的是意志力差，困难时顶不住，关键时咬不住。只要在发展新技术和提高队员意志上下功夫，中国队就一定会再现往日辉煌。

两年的苦练过去了，李富荣带领中国队，囊括了第36届世乒赛上的全部金牌。

这就是李富荣、孔令辉甚至每一位乒乓国手的成功秘密："我自信，我成功！"

2. 自信人生二百年

"自信人生二百年，会当水击三千里。"

只有对自己充满自信的毛泽东才能写出这样豪迈的诗篇。但毛泽东并不是写给他个人的，这句诗篇是写给在困境中的中华民族的，他希望诗的豪迈气概可以感染每一个中华儿女，让他们在"中华民族的危急时刻"充满自信的精神，自救于水深火热之中。

自信的人永远不甘心失败，对未来总是抱着希望。这点不甘心就是生命中奇迹的起点。失败了、落后了，不后悔、不甘心，非追上超过不可，这正是人的生命中的闪光点。

"亦余心之所善兮，虽九死其犹未悔。"不甘心，人们就有了原动力。不怕泉水少，就怕泉无源。不甘心，有自信，这泉就有了源头。如果甘心于失败，那么"哀莫大于心死"，泉就成了无源之水。

认输却不服输，承认失败，但不甘心失败，这正是自信的力量。

当年，16岁的索菲亚·罗兰刚刚迈入电影业大门时，并没有引起人们的注意。相反，很多摄影师都对她提出了否定的看法：索菲亚·罗兰鼻子太长，臀部太丰满，无法把她拍得美丽动人。在众多人的一致反对声中，导演不得不与索菲亚·罗兰商量弥补缺陷的办法。

但她对自己却是非常自信的。

一天，导演把索菲亚·罗兰叫到办公室，以不容分辩的口吻对她说："我刚才同摄影师开了个会，他们说的结果全一样，那就是关于你的鼻子，你如果要在电影界做一番事业，那你的鼻子就要考虑做一番变动，还有你的臀部也该考虑削减一些。"

索菲亚·罗兰充满自信地回答道："我当然懂得我的外形跟已经成名的那些女演员颇有不同。她们都相貌出众，五官端正，而我却不是这样。我的脸毛病太多，但这些毛病加在一起反而会更具魅力！如果我的鼻子上有一个肿块，我会毫不犹豫把它除掉。但是，说我的鼻子太长，那是毫无道理的。鼻子是脸的主要部分，它使脸具有特点。我喜欢我的鼻子和脸本来的样子。我的脸确实与众不同，但是我为什么非要长得和别人一样呢？至于我的臀部，不可否认，我的臀部确实有点过于丰满，但那也是我的一部分。我要保持我的本色，我什么也不愿改变。"

导演被她这异乎寻常而又强烈的自信感染了。从这以后，他再也没有提及她的鼻子和臀部。

后来，索菲亚·罗兰取得了人所共知的成就，成为世界著名女影星。

3. 自信并快乐

只有自信的人才能快乐，没有自信的人往往陷入对未来的忧虑，或听到一点批评就陷入恐慌。自信的人，则快乐地享受现在，快乐地憧憬未来。

罗勃·豪金斯几年以前不过是个半工半读的大学毕业生。做过作家、伐木工人、家庭老师和卖成衣的售货员。后来，他被任命为美国著名大学——芝加哥大学的校长。

在他成功以后，一些批评也接连而至，许多人反对他当校长，并举出理由说：他太年轻了，经验不足，教育观念不成熟，学历不够高……

罗勃·豪金斯和他的家人对这样的批评并不在意，反而更加自信、快乐起来。就在罗勃·豪金斯就任的那一天，有一个朋友对他的父亲说："今天早上我看见报上的社论攻击你的儿子，真把我吓坏了。"

豪金斯的父亲的回答似乎更为坦然一些，他说："不错，话说得很凶。可是请记住，从来没有人会踢一只死了的狗。"

豪金斯的父亲认为批评与指责也不过是外在的形式罢了，自己的信心才是内在的、真实的。攻击者大都是出于一种嫉妒心理，也证明了豪金斯确实具备了一些领导才能。

如果豪金斯一家在外界的批评下没有自信的精神，那可想而知，他们的生活将是什么样子。他们将每日忧郁不堪，哪里还能找到快乐的影子？

4. 建立自信

屠格涅夫说过："一个人的个性应该像岩石一样坚固，

因为所有的东西都建筑在它上面。"自信是成功最大的魅力所在，自信是内在的成熟、稳健，它对塑造良好的积极的自我形象至关重要，以下介绍几条展示你的自信的方法。

（1）始终想着自己的长处

许多人在应酬中总认为，由于他们没有像别人那样聪明、漂亮或灵活，总感到低人一等。其实，那是因为他没有发掘和表现自己聪明才智的实际作为。如果认识了自我价值，确立了自信，有了积极的自我形象感，那就会积极进取。如果充分发掘自己潜在的聪明才智，那么伟大对你来说就不仅仅是个机会而已。

（2）投入你的工作当中去

智者说：每一个人都拥有天上的一颗星，在这颗星星照亮的某个地方，有着别人不可替代的专属于你的工作。因而你必须百折不挠地找到自己的位置，这需要时间，需要知识、才智、技巧，需要整个心力的成熟发展，不能因为看到别人似乎轻易取得成功而气馁。

（3）时刻想着自己能成功

不少人心中老是出现"糟糕，我又讲错话了"，等等。由于每天无数个这类信息在脑中闪现，就会削弱自我形象感。一个克服这种怯弱自责心理的良好方法是想象。为了取得成功，你必须在脑中"看"到你取得成功的形象，在脑中显现你充满信心地投身一项困难的挑战形象。这种积极的自我形象在心中呈现，就会成为潜意识的一个组成部分，从而引导你走向成功。这种成功的白日梦，是一个能确立成功的自我形象的，可以普遍采用的方法，你不妨试一试。

（4）不要为别人的期待活着

他人对自己的期望是一种信任的期待，会成为一种前进的动力。但是，它有时会成为束缚你的桎梏。所以，你不要看到别人成功而对自己妄自菲薄，不要错把人家的期待作为沉重的精神包袱，能真正认识自己的只有你自己，凭你的知识与经验以及直觉去寻找你的位置，你有着属于你的成功，它在等待着你。

（5）多寻益友

最能增强你的良好自我形象感的途径，是使你感到你的生活中充满着爱。这要通过你的努力去实现。向他人贡献你的爱，你会得到他人的爱。当然，要记住在与他人交往中，不要被他人吞没了自我。

一旦你忘记了自我，那你就失去了生存的目的。

一个人能飞多高，由自己的态度决定

英国著名作家塞缪尔·斯迈尔斯认为，一个人的自信可以决定他能否成功。你是否想过自己必须赢得多少仗才得以降生人间？"想想你自己，"基因专家亚伦·史奇菲德说，"从古至今，没有一个人和你一模一样，未来也不可能会有另一个你。"

想想看，数千万个精子竞逐，唯一的优胜者造就了你。受精卵比针尖还小，必须经过无数次细胞分裂，才能长到肉眼可见的大小，这是攸关你生死存亡的重要阶段。

23对染色体，无数的基因经过排列组合，产生你的遗传因子。这些遗传的因子来自你的父母，他们各自的祖先，经过数千年来物竞天择、进化为最具优势的遗传基因。一个最敏捷、速度最快的精子抢先与卵子结合，你的生命从此开始。

你是这场轰轰烈烈的空前战役中唯一的胜利者。具备先人所有的潜能和力量。你是天生赢家，不论你的人生遭遇多少阻碍和困难，都不及受孕时的十分之一。每个人都是与生俱来的胜利者。

成功人士与失败者之间的差别是：成功人士始终用最积极的思考，最乐观的精神和最辉煌的经验支配和控制自己的人生。失败者刚好相反，他们的人生是受过去的种种失败与疑虑所引导和支配的。

有些人总喜欢说，他们现在的境况是别人造成的，环境决定了他们的人生位置。但是，我们的境况不是周围环境造成的。说到底，如何看待人生，由我们自己决定。纳粹德国集中营的一位幸存者维克托·弗兰克尔说过："在任何特定的环境中，人们还有一种最后的自由，那就是选择自己的态度。"

马尔比·D.巴布科克说："最常见同时也是代价最高昂的一个错误，是认为成功有赖于某种天才，某种魔力，某些我们不具备的东西。"可是成功的要素其实掌握在我们自己的手中。成功是正确思维的结果。一个人能飞多高，并非由人的其他因素而是由他自己的态度所决定的。

我们的态度在很大程度上决定了我们人生的成败：

1. 我们怎样对待生活，生活就怎样对待我们。

2. 我们怎样对待别人，别人就怎样对待我们。

3. 我们在一项任务刚开始时的态度决定了最后有多大的成功，这比任何其他因素都重要。

4. 人们在任何重要组织中地位越高，就越能达到最佳的态度。人的地位有多高，成就有多大，取决于支配他的思想。消极思维的结果，最容易形成被消极环境束缚的人。

一般人都认为不可能的事，你却肯向它挑战，这就是成功之路。然而这是需要信心的，信心并非一朝一夕就可以产生的。因此，想要成功的人，就应该不断地去努力培养信心。

信心要如何培养？其中的一个方法是，多读一点有关方面的好书。然后，利用从实践中得来的无限的能力，使事情变成可能。另一个方法是，提高自己的欲望。借着提高自己的欲望来培养自己的信心，也就是要抱着欲望去挑战，而从经验中培养信心。这时候如果能配合着读一点好书的话，效果会更好。

以"可能"这种理念为种子，撒播在你的意识中，然后注意培养、管理。不久，这个种子会慢慢生根，从各方面汲取养分。如果能热心又忠实地继续培养信念的话，不久所有的恐惧感就会消失殆尽，不会再像过去一样出现在软弱的心中，自己也就不会再成为环境的奴隶。但是你必须站在高塔上去面对环境，并且发现自己能有对环境指挥若定的伟大力量。

培养"可能"这种信念，也就是把自己的力量，提高到最大限度。

只要有强烈的意志和努力，一定可以突破一切障碍，尤其是如果能再和实际连在一起的话，你就可以得到巨大的力量。

但我们都很容易认为，"反正我是不可能再升级了"，或"从自己体力看来，我想我的能力只能到达这里了"。这种用理性所画出来的界限很不容易突破，其实那条线是可以突破的，只因为自己在无意识中画了那条线，所以才会把自己的能力，一直压制在最低限度的地方。

信念和想象力的强弱是阻止人们内心无限发展的唯一限定。也就是说，设置自己能力界限的，就是自己现在的意识和信念。

但对于想要做就马上去做的人来说，这种界限是不存在的。他所前进的地方，社会的意识是无法限制的。

如果常被社会意识所过分限制的话，就什么事都无法成功。

坚强的自信，可以使平庸的人成就神奇的事业

你的成就永远不会超过你的自信心。拿破仑的军队绝不会越过阿尔卑斯山，假使拿破仑自己认为此事太难。

同样，在你的一生中，你也绝不可能成就伟业，假使对自己的能力心存重大怀疑。

人的各部分的精神能力，也应像军队一样，要对主帅充满信赖——它是一种不可阻遏的意志。

据说，只要拿破仑一亲临战场，士兵的战斗力量就会增加一倍。军队的战斗力，大半寓于军士对于其将帅的信仰中。如果统领军队的将帅显露出疑惧慌张，则全军必陷于混乱与军心动摇之中；如果将帅充满自信，则可增强部下英勇杀敌的勇气。

对于一个人，如果具有坚强的自信，往往可以使平庸的男女成就神奇的事业，甚至成就那些虽天分高、能力强，但是疑虑与胆小的人所不敢染指的事业。

如果不热烈而坚强地渴求成功，不对成功充满期待，绝不可能有人能取得成功。成功的先决条件，就是充满自信。

只有敢于负起责任的人，才能成功；只有相信自己一定能够得到的人，才能达到目的。要负责做一件事，首先必须要有坚定的自信力，始终相信自己能够做成任何要做的事。

有许多人，一旦稍受挫折，便心灰意懒，提不起精神，他们以为自己的运气正在与自己作对，再挣扎也没有用。

只要你常常留心，就可以看见不少成功的人都曾经失败过，甚至破产过，但因他们有勇气、有决心，始终没有跌倒，仍在更加努力地工作着，希望恢复过来。

任何人都非始终保持自己的勇气不可。无论遭遇怎样的挫折，也不要意志消沉。一个人如果老是拿不定主意，畏畏缩缩地做事，无疑是拦住了自己的前途，这好像浮在水面的死鱼，任凭水势东漂西荡一般。而一条活鱼，则能够逆着急流，直冲而上。

试看世上一些人事业之所以会失败，大多数并不是由于物质上的损失，而是因为没有自信力。

除了人格之外，人生最大的损失莫过于失掉自信心。当一个人失去自信心时，一切事情都将不会再有成功的希望，正如一个没有脊梁的人，永远挺不起腰站直一般。

有勇气、有决心的人，没有什么障碍能够阻挡得住他。班扬被关进了监狱，他仍然写出《天路历程》，弥尔顿被挖掉眼睛之后，仍能写出《失乐园》，派克门也靠着他一往直前的坚韧之心，写成《卡里夫尼亚和奥里更的浪迹》，英国邮政总局局长夫奥西特之所以能获得今日的地位，也无非是由于他有坚忍的毅力。像这一类的事例，不知有多少，他们的成功都是本着坚韧换来的。

一个人的能力，好像水蒸气一般，不受任何拘束，没有限制，谁都无法把它装进固定的瓶子里；要把这种能力充分发展出来，非有坚决的自信力不可。

正如演戏一般，一个人可以调整他自己的品格和态度，让自己扮演各式各样的角色。假如你有意要成为一个成功的演员，就非把你的态度和品貌处处演成成功者的样子不可。

一个有眼力的人，能够从过路人中识别出成功者来。因为一个成功者，他走路的姿势，他的举止，无不显出充分自信的样子，从他的气质上，可以看出他是能够自己做主，有自信和决心完成任何工作的人。一个能自主，有自信和决心的人，绝对拥有成功的资本。

相反，一个有眼力的人，也能够随时指出一个失败者来。从他走路的姿势和态度，可以证明他没有自信力和决断力，从他的衣饰、气质上也可以看出他一无所长，而且他那怯懦拖拉的性格也通过他的举动充分显示了出来。

　　一个成功者处理任何事时绝不吞吞吐吐、模棱两可。他全身都充满了魄力，使他不必依靠他人，而能独立自主。那些毫无成就的人既无自信力，本身的能力又空虚异常，他的姿态总是一副日暮途穷的样子，从他的谈吐和工作上处处表示他已无能为力了。

　　自信心对于事业简直是一种奇迹，有了它，你的才干就可以取之不尽，用之不竭。

　　一个没有自信心的人，无论有多大本领，也不能抓住任何机会。他遇到重要关头，总是不肯把所有的本领都表现出来，因此明明可以成功的事，往往弄得惨不忍睹。

　　一项事业的成功，固然需要才干，但是自信心也是不可或缺的。你之所以缺乏这种自信心，是因为你不相信自己具有这种自信力。你必须从心里、从言行、从态度上拿出4个字来——我肯定行。在不知不觉之中，人家就会开始对你产生信任，而你自己也会逐渐觉得自己真的是可以信赖的人了。

用信心给人生支撑起一片灿烂天空

当你自信能完成一件事情时，就有一种巨大的力量。对自己有极大信心的人不会怀疑自己是否在合适的位置上，不会怀疑自己的能力，更不会担心自己的未来，他们用信心给人生支撑起了一片绚烂的天空。

当人被绑住双手时，他不能让双手来工作，当人的思想被自卑所缚时，人的思想也将缺乏对未来的创造。

琼尼的爸爸是个木匠，妈妈是个家庭主妇。这对夫妇节衣缩食，准备存钱送儿子上大学。

琼尼读高二的时候，校长把他叫进办公室，对他说："琼尼，我仔细看过了你的成绩和体格检查……""我一直很用功的。"琼尼插嘴道。"问题就在这里，"校长说，"你一直很用功，但进步不大，再学下去，恐怕是浪费时间了。"孩子用双手捂住了脸，"那样，我爸妈会难过的，他们希望我上大学。"

校长用手抚摩着他的肩膀，"人的才能多种多样，琼尼，"校长说，"工程师不识乐谱，画家背不全九九表，这都是可能的，但每个人都有特长——你也不例外。终有一天，你会发现自己的特长。到那时，你就让父母骄傲了。"

琼尼从此再没有去上学。

他替人建园圃，修剪花草，人们开始注意他的手艺。他又接管了3～4个火车站后面的垃圾场，把它变成了一个美丽的公园。

在这些事情当中，琼尼树立了自信，支撑起了他的人生信念，后来琼尼终于成了著名的风景园艺家。

每个人都有自己擅长的领域，在这些领域中，你是最迷人、最出色、最与众不同的，一个人的成功往往就是凭借这些特长。

当你逐渐认识到这些，你就是一个与众不同的人了。

信心能使一个人提升，对人们的梦想有十分重大的影响。信心能使一个人站得高、看得远，能使人站在高山之巅，眺望远方，望见充满希望的大地，信心是"整理智慧"的光源。

父母和老师很少意识到，告诉一个孩童，说他将一事无成，他是一个无足轻重的人，他不能取得其他人取得的类似成就，那将是对那些幼小的心灵多么大的伤害，通过这种做法而毁掉一个孩童的信心几乎就是一种犯罪。

日本松下电器公司董事长松下幸之助，早年曾在大阪电灯公司工作，后来自己组建了松下电器公司。不巧公司刚成立，就遇上了经济危机，市场疲软，销售困难。怎样才能使公司摆脱困境，转危为安？松下幸之助权衡再三，决定一不做二不休，拿出1万个电灯泡作为宣传之用，借以打开灯泡的销路。

灯泡必须备有电源，才能起作用。为此，松下幸之助亲自前往，拜访冈田干电池公司的董事长冈田先生，希望双方合作进行产品的宣传，并请他免费赠送1万个干电池。

一向以豪爽著称的冈田听了此言，不禁大吃一惊，因为1万个干电池是笔不小的投资，如果达不到效果，那将是笔不小的损失。但松下诚挚、果敢的态度感动了他，冈田终于答应了他的请求。

松下公司的电灯泡配上冈田公司的干电池，发挥了最佳宣传效果。很快电灯泡的销路就直线上升，干电池的订单也如雪片般飞来，松下公司转危为安。

我们要想找到安全的避风港，就必须具有敢于承担风险的自信。只有当我们敢于承担风险时，我们的境遇才会在奋斗中逐渐改变，一个人如果没有冒险的勇气，他超越自我的机会就微乎其微。

"自信之光"将照亮每个人的心灵，将让自卑者在黑夜中找到光明。

坚定地相信自己，绝对不能因为任何东西而动摇，要坚定自己有朝一日必定能在事业上取得成功的信念，这就是所有取得了伟大成就的人士的基本品质。

许多推进了人类文明进程的人，开始时落魄潦倒，并经历了许多年的黑暗岁月，在那些最黑暗的岁月里，他们看不到事业有任何成功的希望。但是，他们毫不气馁，兢兢业业，刻苦努力，他们知道终究有那么一天，将会柳暗花明，事业有成。

有一个王子，长得十分英俊，却是一个驼背，他请了许多名医来医治自己的病都没有治好。这使得王子非常自卑，不愿意在大众前露面。

国王见到这种情况非常着急，专程去请教一个智者，智者帮他出了一个主意。

回来后，国王请了全国最好的雕刻家，刻了一座王子的雕像。雕像没有驼背，后背挺得笔直，脸上充满了自信，让人一见觉得光彩照人。国王将此雕像立于王子的宫前。

当王子看到这座雕像时，他心中像被大锤撞击了一下，心里产生一种强烈的震撼，竟流下泪来，国王对他说："只要你愿意，你就是这个样子。"

以后王子时时注意着要挺直后背，几个月后，见到他的人都说："王子的驼背比以前好多了。"王子听到这些话，更有信心，以后更注意时时保持后背的挺直。

有一天，奇迹出现了，当王子站立时，他的后背是笔直的，与雕像一模一样。

你也像王子一样驼着自卑的背吗？给自己制定一个目标，

告诉自己：我是自信的！那么你将会发现，你可以像那个王子一样自信。

这种充满希望和信心的心态将产生伟大的创造力量，无论你是否在枯燥无味的苦苦求索中煎熬。人们都可以充满自信地锲而不舍地达到光明时刻，达到事业有成的顶峰。

信心是一种心灵感应，是一种思想上的先见之明，这种先见之明能看到我们的肉眼不能看到的景象。

信心是一位好导游，指导我们开启紧闭的大门，它将那些障碍背后的光明前景指给我们看，它给我们指点迷津，而那些没有自信的人，没有这种精神能力的人是看不到这条光明大道的。

意大利著名小提琴家帕格尼尼是个苦难的人。4岁时一场麻疹和强制性昏厥症，差点使他夭折。7岁时严重的肺炎，不得不大量放血治疗。46岁牙床突然长满脓疮，只好拔掉所有的牙齿。牙病刚愈，又染上可怕的眼疾，幼小的儿子成了他的手杖。3年后，关节炎、肠道炎、喉结核等多种疾病同时吞噬着他的肌体。后来声带也坏了，靠儿子按口型翻译他的思想。他仅活到57岁，就吐血而亡。

他又是位天才，3岁学琴，12岁就举办首次音乐会，轰动舆论界。之后他的足迹遍及法、意、奥、德、英、捷等国。他的演奏使帕尔玛首席提琴家罗拉惊异得从病榻上跳下来，肃然而立。他的琴声使所有观众欣喜若狂，称他为共和国首席小提琴家。

几乎欧洲所有文学艺术大师，如大仲马、巴尔扎克、肖邦、司汤达等都听过他的演奏并为之激动。歌德评价说："他能在琴弦上展现火一样的灵魂。"李斯特大喊："天哪，在这四根琴弦中包含多少苦难和受到残害的生灵啊！"

帕格尼尼虽然一生历经苦难，但一直保持着对自己琴艺的信心，成为世界文艺史上的三大怪杰之一。

是苦难造就了天才，还是天才特别钟爱苦难？这个问题谁也说不清楚！

世界文艺史上的三大怪杰分别是弥尔顿、贝多芬和帕格尼尼，他们居然一个是盲人，一个是聋人，一个是哑巴！

让那些伟大发现得以出现的，往往是高尚的信心，而非任何怀疑和畏敬。信心，高贵的信心一直眷顾着伟大的发明家和工程师，以及各行各业、辛勤努力而且又成绩斐然的每一个人。

那些对将来不存丝毫恐惧之心的年轻人，往往都是深信着自己能力的人。无资无财，但有巨大信心的人往往能创造奇迹，而只有资财却无信心的人，常常一事无成，甚至失去原有的东西。

达·芬奇在创作那幅有名的《最后的晚餐》时，曾为寻找模特而绞尽脑汁。一开始，他先在米兰大教堂的唱诗班里找到耶稣的模特，那个人年轻潇洒，有着一双明亮的眼睛和一副温柔善良的面孔，让人见了如沐春风。

　　但出卖耶稣的犹大这个角色十分难寻，达·芬奇始终找不到合适的模特，因而画作进行了几年还没有完成。

　　有一天，达·芬奇路过贫民区的一个小酒吧，一个人站在酒吧门口，那个人的眼睛充满了奸诈、狡猾，满身都是酒味，一脸的贪婪。达·芬奇欣喜若狂，他终于找到了他心目中的犹大了。

　　达·芬奇给了那人一些钱，让他为自己做模特，那人同意了，达·芬奇就领他来到自己的画室。

　　当那人看到那幅未完成的油画，忽然怔住了，慢慢地走到画前，轻轻触摸那耶稣的画像，眼泪慢慢流了下来。达·芬奇好奇地问道："你认识这个模特？"一阵沉默之后，那人轻轻地说："我就是那个人。"

　　是生活的苦难让他失去了自信心，才有了这个变化。自信的人可以成为像耶稣一样创造奇迹者，而失去自信却只能成为可耻的犹大。

　　即使是犹大，只要肯树立自信，一样可以成为圣徒。如果你能衡量自己的信心大小，那么，你便能据此很好地估计自己的前途。信心不足的人是不可能发掘潜能，是不可能成就大事的。

没有比恐惧更能伤人心的了

你有自信心吗？当困难的任务摆在你面前时，你能够充满信心地勇敢上前吗？当经受了许多次挫折后，你仍然能对自己最终达到目标的信心毫不动摇吗？当周围的人都瞧不起你，认为你是个"废物""无能之辈"时，你仍然能坚信"天生我材必有用"吗？……

如果你的回答是肯定的，那说明你有很强的自信心。就像战国时的纵横家张仪，在未成功时，穷困潦倒、受尽亲友的耻笑，但他却张开嘴，让妻子看他的舌头还在不在。他说："只要我舌头还在，我就能说动天下君王。"

而如果你的回答是含糊的，甚至是否定的，那你就需要在锤炼自信心上下番功夫了。

有一个小企业的老板，他的产品不错，但是每当他与客户谈生意时，客户的反应都十分冷淡，甚至无心细听他对产品的介绍。他很苦恼。一位朋友听了他的诉苦后，笑了笑，指出他的毛病就出在过于谦逊，实际上近于谦卑上了。在客户看来，他对自己没信心，对自己的产品也没信心。他只想讨好客户，似乎他的产品推销不出去而在乞求客户施舍一样。朋友告诉他，你要让别人重视你，首先你必须重视自己。你要充满信心和热情，要让对方觉得你是个值得重视的人，你的产品对他是非常重要的。他如果失去和你交易的机会，对他将是一种无法弥补的损失。这位老板认真考虑了朋友的意见，加以改进，果然他的生意大有好转。

法国学者蒙田说："最野蛮的是轻蔑自己。"中国宋代学者程颐说，最大的罪过莫过于自暴自弃。"轻蔑自己""自暴自弃"，都是缺乏自信心所致。我们应该相信自己的价值。每一个人都是大自然的杰作，每个人都有潜能。伟大的人物坚信自己，正是这种自信最大限度地激发出了他们的聪明才智，成就了在常人看来了不起的事业。许多人缺乏自信，常常跟童年时经常受到父母或师长的贬损指责有关。"你怎么这么笨？""你真是没出息。""你将来只会一事无成"……这些外部评价会潜入你的头脑，使你慢慢变得畏缩、胆怯、不敢自我表现。许多人缺乏自信，也与胸无大志，只图舒服安逸有关。还有，就是传统观念中的一些消极思想影响了他们，什么"出头的椽子先烂""不求有功，但求无过""富贵在天，生死由命"，等等，这些都压抑了一个人对自己的信心。

土耳其谚语说：每个人的心中都隐伏着一头雄狮。中国古语说：人皆可以为舜尧。《格言联璧》中讲：不要轻视自己的身心，天地人三才都蕴藏在六尺之躯中。不要轻视自己这一辈子，千古的功业就在此奠定。

这些，是多么鼓舞人心的话语，也是人对自身价值应有的判定。我们要努力抛弃自卑的想法、无所作为的想法、甘居下游的想法，充满自信地去发挥自己、推销自己、成就自己。

自信能给你勇气，使你敢于向任何困难挑战；自信也能使你急中生智，化险为夷；自信更能使你赢得别人的信任，帮助你成功。

美国中南部某个州的高速公路计划造8座桥梁。为了挑选设计公司，他们向工程公司约谈此事。这8座桥梁总造价为500万美元，被选中的公司将获得总造价的4%，即20万美元作为设计费用。这真是一次绝好的机会。但结果只有4家大公司提出了建议书，其余17家都是小公司，其中有16家被吓走了。他们认为这个工程太庞大，他们做不了，无法跟大公司竞争。只有一家小公司提出了建议书。他们相信自己能做到，结果他们果然争取到了合约，也做成功了。

可见，自信对一个人，一个集体，是何等重要的成功因素。

匈牙利民族解放运动领袖科苏特说："固然，谦逊是一种智慧，人们越来越看重这种品质，但是，我们也不应该轻视自立自信的价值，它比其他任何个性因素都更能体现一个人的男子汉气概。"

战国时，强秦压境，赵国的平原君准备带20位门客去楚国，希望说服楚国与赵国建立抗秦联盟。当19位文武双全的门客选好，还差一位时，坐在最后的毛遂自荐而出。平原君嘲讽地说："有本事的人就好像带尖的锥子放在布口袋里，它的尖很快就会显露出来。而你来了3年，还没显出本事，你就不用去了吧。"毛遂说："如果公子把我早一天放在布袋里的话，我恐怕整个锥子都扎出来了，更不用说锥子尖了。"毛遂充满自信的话使平原君打消了顾虑，带他去了楚国。在楚王犹豫不决时，毛遂挺身而出，大义凛然，说服了楚王，使得赵楚联盟终于达成。毛遂自荐，成为一个人充满自信的象征。

我们讲一个人要有自信心，但不可骄傲自大，刚愎自用。要对自身优势与劣势有正确的分析判断。自信心是激励自己实现伟大志向的一种信念，而不是逆历史潮流而动的个人野心的膨胀。自信是以理智为前提的，自信必须自觉，自信必须清醒，自信必须背靠真理。真正有自信心的人，不会拒绝别人的提醒和建议，他们不会因别人提了些尖锐的意见就恼火，就沮丧。他们有海纳百川的度量，也有改过自新的勇气，因为他们相信，这只能使自己更完善，取得更大成功。

缺乏自信，常常与缺乏自我敬重有关。有的人总在说："我没本事。""我是个小人物，给别人提鞋都没人要。"你这样看待自己，你就会失掉你的自信。德国哲学家谢林说过："一个人如果能意识到自己是什么样的人，那么，他很快就会知道自己应该成为什么样的人。让他首先在思想上觉得自己的重要，很快，在现实生活中他也就会觉得自己很重要。"我们可以有意识地提醒自己的重要性。美国咨询专家大卫·史华兹讲过一个"运用信心的力量"改变自己命运的故事。

有一个人，是做工具模型工作的。5年前，他收入不高，住宅狭窄，家人虽没有抱怨，但并不快乐。那次，他听说底特律有一家工具模型公司有空缺职位，他决定去试试。当他来到底特律，坐在旅馆里，准备第二天去应聘时，他忽然对自己感到很厌烦。他自问："我为什么只是试图找一份只能向前跨一小步的工作呢？"

他找了一张旅馆便笺，写下了他认识的5位朋友的姓名，他们目前的成就都远远超过他。他寻找与他们之间的差距，发现在智力、教育程度和操行上都没有什么相差太大的地方，唯独有一点，就是他缺乏自信。他发现自己有退缩犹豫的毛病，老是告诉自己"不能"，这种自贬的倾向在他所做的每一件事上显示出来。这时他开始明白，没有人会相信你，除非你先相信自己。他决定，从现在起，他再也不廉价出卖自己。他再去应聘时，十分自信地将自己要求的报酬提高到了3500美元，这比他原来的想法高出许多。他也真的得到了。在获得这份工作后的两年里，他努力工作，巧妙地争取到了许多订单，公司重新改组时，他分配到很多股票，外加更多的薪水。

不要妄自菲薄，不要廉价地出卖自己，你要始终认为自己是很有价值的。有了这份自信心，你才可能有勇气去争取达到更高的目标。下面是大卫·史华兹博士和其他一些专家提出的一些方法，可有助提升你的自信心：

——挑前面的位子坐。许多人在开会或参加集体活动时，喜欢挑后面的座位。其中的原因，多数都是希望自己不要太"显眼"。而这正说明他们缺乏自信。请从现在开始，尽量往前坐吧！当然，坐前面是会比较显眼，但你要知道，有关成功的一切都是显眼的。

——练习正视别人。不正视别人通常意味着：在你面前我感到很自卑，我感到不如你，我怕你……而正视等于告诉别人：我很诚实，光明磊落，毫不心虚。请练习正视别人吧！这不但能带给你自信，也能为你赢得别人的信任。

——把你走路的速度加快25%。许多心理学家认为懒散的姿势、缓慢的步伐常与此人对自己、对工作以及对别人的不愉快的感受有关。而借着改变姿势与步履速度，可以改变心理状态。普通人走路，表现出的是"我并不怎么以自己为荣"。另一种人则走起路来比一般人快，表现出超凡的信心，像在告诉全世界：我要到一个重要的地方，去做重要的事情，而且我会做好。使用这种加快步伐的方法，你就会感到自信心在滋长。

——练习当众发言。在会议中沉默的人都认为："我的意见可能没有价值，如果说出来，别人会觉得我很蠢，我最好什么也别说。"越是这样想，就会越来越失去自信。但如果积极发言，就会增加信心，下次也就更容易发言。要当破冰船，第一个打破沉默。也不要担心你会显得很愚蠢，因为总会有人同意你的意见。

——咧嘴大笑。这是医治信心不足的良药。咧嘴大笑，你会觉得美好的日子又来了。但是嘴要张大，不要似笑非笑，要露齿大笑才能见效。

——注意衣着仪表。从理论上说，我们应当看重一个人的内在而不是外表。但请你不要太天真，大多数人都是以你的外貌来打量你，因为你的仪表是给人的第一印象，而且这种印象会持续下去，在许多方面影响别人对你的看法。穿着得体是必要的，因为这样不但会使别人看你时觉得你很重要，你也会因此而觉得自己真的很重要。当你去面试，当你去与人谈判，当你去赴约，请你为这些活动打扮一下。你端庄整洁的衣着、精神焕发的容颜，会让对方觉得，你是一个精明能干、很有头脑、大有前途的人。你值得信赖。穿着得体，这花不了你多少金钱和时间，但却会带来很大的效果，最重要的是，你也会因此而信心倍增。

——自我打气。你要经常自己鼓励自己。在做一件工作前，先要鼓足自己的勇气，要找出自己能做好这项工作的有利条件、长处、优点，并且勉励自己：我一定能做好这项工作，我可能会遇到困难，但我相信能克服……你也不要忘了在做成这项工作后，自我庆祝一下，自己给自己一份嘉奖：去喝杯酒，或给自己放个假休息一下。美国女演员露丝·戈登就时常给自己打气，她说："一个演员需要别人的恭维。当我很久没有得到别人的颂扬时，我会自我恭贺，因为我清楚这些恭贺毕竟是真挚的。"

一些人缺乏自信心，除了轻视自我外，也与"内功"不够有关，就是说，他的知识储备、实践能力还有欠缺，因此常常会表现得底气不足。这就要求我们要努力充实自己，"有了金刚钻"，就"敢揽瓷器活"了。

张仪敢到各国君王处游说，是因为他曾经历过一番苦读，研究了当时各国的情势，因此才能说动骄傲的君王，采纳他的意见。哥白尼敢于向"地心说"挑战，是他广泛而深入地钻研天文学、数学和希腊古典著作，并在30多年里孜孜不倦地观测天象的结果。有着厚重的知识功底，他才能写出伟大的《天体运行论》。"给我一个支点，我就能撬动地球。"阿基米德有这样的豪言，是因为他掌握了科学知识。拿破仑自信地说：

"'不可能'的字眼，只存在于愚蠢人的字典里。"他如果没有非同寻常的军事才能，也不会说出这样的话。没有扎实的知识功底，没有刻苦锻炼出来的才干，要自信只能是自欺欺人。

自信心对于一个人是非常重要的。没有自信心，首先就会束缚了自己发展的手脚，也不会得到别人的敬重和信任。但自信必须有知识做后盾，这是我们应该牢记的。这里，还要提醒一点，过分自信也是不可以的。英国的埃·斯宾塞说过："过分自信的人将会使自己处于脆弱而动摇的地位。"过分自信，会使自己变得盲目，过分夸大自我的力量，忽视客观条件的限制，也会听不进别人正确的批评和建议。

三国时，马谡奉诸葛亮之命去防守街亭。副将王平建议马谡在五路总口当道下寨，马谡却要在山上扎营。王平说："只怕敌兵来后，将山团团围住，就危险了。"马谡却"自信"地说："我自幼通晓兵书，诸葛丞相诸事尚且向我请教，你为什么不听我的安排？"结果兵败街亭，被诸葛亮挥泪斩首。

马谡的悲剧就在于过分自信。因此，正确的做法应该是既自信又不过分自信。英国的托·富勒说："很少有人能够恰如其分地相信自己。"我们要的就是"恰如其分"的自信，就是既不妄自菲薄，也不妄自尊大，而是实事求是，这样的自信才能真正帮助我们成功。

Chapter 2

信心，能使平凡的人做出惊人的事业

信念是鸟，在黎明之际感觉到了光明

著名成功大师安东尼曾经说过："信念就像指南针和地图，指引我们要去的地方。一个没有信念的人，就好像缺少马达和航舵的小汽艇，无法前进一步。"

罗杰·罗尔斯是美国纽约州历史上第一位黑人州长。

他出生在纽约声名狼藉的大沙头贫民窟。那里环境肮脏，充满暴力，是偷渡者和流浪汉的聚集地。在那儿出生的孩子，耳濡目染，他们从小逃学、打架、偷窃甚至吸毒，长大后很少有人从事体面的职业。然而，罗杰·罗尔斯是个例外，他不仅考入了大学，而且成了州长。

在罗杰·罗尔斯就职纽约州州长的记者招待会上，一位记者对他提问：是什么把你推向州长宝座的？面对300多名记者，罗尔斯并没有对自己的奋斗史夸夸其谈，甚至只字未提，只是谈到了他小学时期的校长——皮尔·保罗先生。

1961年，皮尔·保罗被聘为罗尔斯所在的诺必塔小学的董事兼校长。当时正值美国嬉皮士流行的时代，当皮尔走进大沙头诺必塔小学的时候，发现这儿的穷孩子比"迷惘的一代"还要无所事事。他们不与老师合作，旷课、斗殴，甚至砸烂教室的黑板。皮尔·保罗想了很多办法来引导他们，可是没有一个是有效的。后来他发现这些孩子都具有一个特点，那就是他们都很迷信，于是他利用孩子们这个小小的弱点做了一件伟大的事情。从那以后，在皮尔·保罗上课的时候就多了一项内容——给学生看手相。他用这个办法来鼓励学生。

当时罗尔斯是全班典型的淘气学生，他也根本不把老师放在眼里。不过，皮尔的这一举动似乎多少让他产生了些好奇。一天，当罗尔斯从窗台上跳下，伸着小手走向讲台时，皮尔·保罗说："让我来看看你的手。"说着，他拿起罗尔斯的手看了起来，"我一看你修长的小拇指就知道，将来你是纽约州的州长。"当时，罗尔斯大吃一惊，因为长这么大，只有他奶奶让他振奋过一次，说他可以成为5吨重的小船的船长。这一次，皮尔·保罗先生竟说他可以成为纽约州的州长，着实出乎他的预料。在他幼小的心里，深深地埋下了这句话。

从那天起，"成为纽约州州长"就像女巫手里那支法力无边的魔杖一样，让罗尔斯彻底改变了模样。他的衣服不再沾满泥土，说话时也不再夹杂污言秽语，走路时开始挺直腰杆，而且再也没有逃过课。在以后的四十多年间，他没有一天不按州长的身份要求自己。51岁那年，他终于成为纽约州的州长。

罗尔斯在就职演说中给人们讲这样一个故事，是想向大家说明皮尔·保罗先生当初的预言多么准确吗？当然不是，正如他在就职演说的最后说的那样："目标值多少钱？目标不值钱。但是只要你一直坚持下去，它就会迅速升值。"罗尔斯要告诉人们的是，是坚定的信念让他取得了成功。

苏联心理学家克鲁捷茨基曾指出："行为的重要动机是信念，信念与理想有密切的联系。信念是关于自然界和社会的某些原理、见解、意识、知识，人们不怀疑它们的真理性，认为它们有无可争辩的确凿性，力图在生活中以它们为指针。信念不只是容易明白的、可理解的，而且还是能深刻感受到的、体验到的。"

信念是人们在一定认识基础上确立的，对某种理论主张或思想见解坚信无疑，并积极身体力行的精神状态。从本质上讲，信念是主观的，强调的是情感的色彩和意志的坚定性。信心是以认识为基础，信念是以信赖的情感为基础，有时候别人不经意的一句话，就会触动出你心中叫作信念的那根神经。

美国著名心理医生基恩博士常跟病人讲起小时候他经历过的一件触动心灵的事。

一天，几个白人小孩正在公园里玩。这时，一位卖氢气球的老人推着货车进了公园。白人小孩一窝蜂地跑了过去，每人买了一个，兴高采烈地追逐着放飞在天空中的色彩艳丽的氢气球。

　　在公园的一个角落里躺着一个黑人小孩，他羡慕地在看着白人小孩，他不敢过去和他们一起玩，因为自卑。

　　白人小孩的身影消失后，他才怯生生地走到老人的货车旁，用略带恳求的语气问道："您可以卖一个气球给我吗？"老人用慈祥的目光打量了一下他，温和地说："当然可以。你要一个什么颜色的？"小孩鼓起勇气回答说："我要一个黑色的。"脸上写满沧桑的老人惊诧地看了看小孩，随即给了他一个黑色的氢气球。

　　小孩开心地拿过气球，小手一松，黑气球在微风中冉冉升起，在蓝天白云的映衬下形成了一道别样的风景。

　　老人一边眯着眼睛看着气球上升，一边轻轻拍了拍小孩的后脑勺，说："孩子，记住，气球能不能升起，不是因为它的颜色、形状，而是因为气球里面充满了氢气。同样，一个人的成败不是因为种族、出身，关键是你的心中有没有自信，有没有成功的信念。"那个黑人小孩便是基恩。

　　实际上，在每个人心中，都有一面信念的旗帜，只要你把它树立起来，它就会迎风招展，帮助你战胜一切自身的不足和外界的困难，引导你认知自己所要建立的目标。挥动心中信念的旗帜，一定会闯出一片令自己都无比惊讶的新天地。

最可怕的敌人，就是没有坚强的信念

　　18世纪挪威著名作家温塞特曾经说过一句话："如果一个人有足够的信念，他就能创造奇迹。"人生就有许多这样的奇迹，看似比登天还难的事，有时候轻而易举就可以做到，其中的差别就在于是否具有非凡的信念。

　　当你坚信某一件事情的时候，就无疑给自己的潜意识下了一道不容置疑的命令，有什么样的信念就决定你会有什么样的力量，一切的决定，一切的思考，一切的感受与行动都会受控于某一种力量，它就是信念。

　　这是一个真实的故事。当年，有一家花木园艺所将重金征求纯白金盏花的启事登在了报纸上，这件事在当时引起了轰动。高额的奖金让许多人跃跃欲试。但大家都知道，在千姿百态的自然界中，金盏花除了金色就是棕色的，颜色再浅一点的都没有，何况是纯白色的。所以想要达到园艺所提出的要求，几乎是不可能的。许多人一阵热血沸腾之后，就把那则启事慢慢地淡忘了。

　　一晃20年过去了。在当年的那件事早已被人们彻底遗忘的时候，有一天，当年登了启事的那家园艺所意外地收到了一封热情的应征信和一粒纯白金盏花的种子。当天，这件事就不胫而走，再次引起了轰动。

寄种子的是一个年逾古稀的老人，她是一位地地道道的爱花人。20年前，当她偶然看到那则启事后，便怦然心动，决定把这件事干下去。当时她已是退休的年龄了，加之身体又不是很好，儿女们都想让她过一个清闲的晚年，对这件事一致表示反对，但她没有放弃，义无反顾地干了下去。最初，她撒下了一些最普通的金盏花的种子，精心侍弄。一年之后，金盏花开了，她从那些金色的、棕色的花中挑选了一朵颜色最淡的，任其自然枯萎，取得了最好的种子。第二年，她把这颗种子种了下去，然后，再从开出的花中挑选出颜色更淡的种子，第三年把它种下去……就这样，日复一日，年复一年，20年就在她反反复复的种植中过去了。终于，在20年后的一天，她在那片花园中看到一朵金盏花，它不是近乎白色，也并非类似白色，而是如银如雪的白。一个连园艺专家都解决不了的问题，在一个不懂遗传学的老人手中迎刃而解，这是奇迹吗？

其实每个人心中都有一颗平凡但却充满希望的种子，没能让它开出理想的花朵，是因为少了一份对希望之花的坚持与捍卫，少了一份以心为圃、以血为泉的培植与浇灌，生命中最美丽的花期终将错过。坚守自己的信念，那么就一定会创造出奇迹。

信念是人生最有力的支柱。还记得美国著名作家欧·亨利的那篇脍炙人口的短篇小说《最后一片树叶》吗？

女画家乔西安患了绝症，躺在医院的病床上。她的朋友休易在陪护着她，休易也是一位画家。这天，休易来到病房看见乔西安侧身躺着面向窗外，她以为乔西安睡着了，就在旁边悄悄地画起画来。可是，她不时听到一种微弱的声音。

休易来到病床前，看见乔西安并没有睡着，她正睁大了眼睛看着窗外，嘴里还不时地数着"12，11……"休易觉得很奇怪，看着窗外，除了空落落的院子、几米开外的一堵墙及趴在墙上那条老藤之外，再没有什么了。而且老藤上的藤叶已掉得差不多了。

休易问："怎么了？""8，7……"乔西安还在数着，"越来越少了，藤叶只剩下6片了，等最后的一片掉下来，我的生命也就结束了。"乔西安低声说着。"快别胡思乱想了，你的病马上就会好起来的。"乔西安依然望着窗外自言自语着："又掉了一片，还剩下5片了。天黑之前最后一片能掉下来就好了，我也不用再等了，太累了，太累了……"乔西安等待着那最后一片落叶的飘落，也在悄然地等待着自己生命的终结。

她的心事被隔壁病房的一位老人听说了，老人也是一位画家，面对这个即将随风飘逝的年轻的灵魂，老人在想：我该为她做点什么呢？这一天慢慢地过去了，天渐渐黑了下来，乔西安再次望向窗外的时候，依稀看见还有一片叶子挂在藤上。夜里，北风又起，秋雨敲打着窗棂。第二天一大早，乔西安迫不及待地拉开窗帘，啊，还好，最后的一片叶子居然还在！它仿佛给了乔西安巨大的能量，从那天以后，她求生的欲望日渐强烈，最后，乔西安终于战胜了病魔。出院之后，她才知道，那最后的一片叶子是隔壁的老人画的一片假树叶，然后挂在藤上的。

她站在藤下，被老人的心感动了。

其实，乔西安真正感谢的除了那位老人之外，更应该感谢的是她心中的那份信念。真正有生命力的不是那片树叶，而是她求生的信念。

当莱特兄弟还在和父亲一起放羊的时候，看见了一群大雁从头顶飞过，兄弟俩十分羡慕，渴望自己也能像大雁一样在天空自由飞翔。父亲告诉他们，只要有这种希望，他们终有一天会飞上天空。"要飞上天空"的信念在兄弟俩的心里深深埋下了，此后多年他们一直在努力着，终于，他们飞了起来，因为他们发明了飞机。信念是一支照亮黑暗的火把，指引着人们飞向梦想的天空。

人无信念，思想简单，做任何事都不可能有好的成绩。当你把信念、信心应用在自身、你的朋友或你所进行的事物上，就会产生一种积极的行动力量，有这种力量，你必会走上成功之路。当你信任自己的想法和能力、信仰宇宙间未可知的无穷力量，再加上确信自己的意念和行为，那么这一切必会引领你迈向更辉煌的远方。

由信念支持的意志，比物质力量更具有威力

托尔斯泰曾经说过："1个有信念的人所开发出的力量，远远大于99个只有兴趣的人。"信念，才是成功真正的起点，是托起人生大厦的坚强支柱。在人生的旅途中，不可能总是一帆风顺，事事遂人心愿。有的人身躯可能先天不足或后天病残，但他却能成为生活的强者，创造出常人难以创造的奇迹，靠的就是信念。对一个有志者来说，信念是立身的法宝和希望的长河。

伊芙琳·格兰妮生长在苏格兰东北部的一个农场，从8岁时她就开始学习钢琴。随着年龄的增长，她对音乐的热情与日俱增。但不幸的是，她的听力却在渐渐地下降，医生们断定她的耳病是由于神经系统的问题造成的，难以恢复。医生们预言，12岁她就会彻底耳聋。

可是，她对音乐的热爱从未停止过。

她的理想是成为打击乐独奏家。为了演奏，她学会了用不同的方法"聆听"其他人演奏的音乐。她只穿着长袜演奏，这

样她就能通过她的身体和想象感觉到每个音符的振动，她几乎用她所有的感官来感受着整个世界的乐声。

她决心成为一名音乐家，但不是一名耳聋的音乐家，于是她向伦敦著名的皇家音乐学院提出申请。

因为以前从来没有耳聋的学生提出过申请，所以刚开始一些老师反对接收她入学。但是她用演奏征服了所有的老师，顺利地入学。终过几年刻苦的学习，她在毕业时荣获了学院的最高荣誉奖。

从那以后，她的目标就致力于成为第一位专职的打击乐独奏家。她为打击乐独奏谱写和改编了很多乐章，因为那时几乎没有专为打击乐而谱写的乐谱。

后来，她成功了，成为一名著名的打击乐独奏家。她的成功来自她的决心和她坚定的信念——她没有因为医生诊断而放弃追求，医生的诊断并不意味着她热情的减退和信心的丧失。

其实，伟大的音乐家贝多芬后来也是耳聋了，但贝多芬是成名之后才耳聋的。

伊芙琳·格兰妮则大大不同，她年轻的时候就是"想当音乐家的聋耳少女"——她首先练就了一身超人的本领并进入皇家音乐学院，然后经过努力实现了成为一名音乐家的理想。

一般人会认为，耳聋也并不是一件很残酷的事，聋人还可以胜任很多职业，但肯定有一种工作是无法胜任的：那就是音乐家。

从这个角度看，伊芙琳·格兰妮的自身条件可以说真的与理想格格不入——她只是一位梦想成为音乐家的"走投无路"的耳聋少女。

既然耳朵不灵敏了，她就用全身的感官来听——她的每一个毛孔、每一个细胞、全身的每寸皮肤和神经都成了她的耳朵！

她失去了一对上帝赐予她的耳朵，却获得了千千万万只自己成就的"耳朵"。

伊芙琳·格兰妮创造了音乐史上的成功范例，也创造了信念战胜一切的典范。

一个人自身的能力是无限的，没有自信的人感受不到它的存在。对于大部分人来说，困境就意味着失败；但对于一个意志坚强，内心充满信念的人来说，这些都只是成功的必由之路而已。

松下幸之助曾说："在荆棘的道路上，唯有信念和忍耐能开辟出康庄大道。"每个人都要相信自己能创造价值，相信自己被需要。每一个起点，都有终点；每一次付出都有回报；每一份善意，都会被感激；每一次妥协，都会在别处获得报偿。

信念是人生征途中的一颗明珠，既能在阳光下熠熠发亮，也能在黑夜里闪闪发光。春天最难过的是没有可以耕种的土地，而人生最难过的是失去信念的寂寞。

爱迪生试验超过2000次才发明了灯泡。有一位记者采访时问他，为了发明灯泡，失败了这么多次有什么感想。爱迪生笑了笑说道："我并没有失败过，我发明了灯泡，而整个发明过程刚好有2000个步骤而已。"这就是信念。

鲁西南深处有一个小村子叫姜村，离县城有十几公里的距离。但就是这个小小的偏僻的村子在方圆几十里以内却很有声名。原来，从很久以前这个小村子每年都会有几个孩子考上大学，读上硕士、博士。久而久之，大学村成了姜村的新村名。

村里只有一所小学校，每一个年级一个班。很早以前一个班级只有十几个孩子。现在不同了，方圆十几个村的家长都千方百计把孩子送到这里来。因为他们觉得把孩子送到了姜村，就等于把孩子送进了大学。

在惊叹姜村奇迹的同时，人们也都在思索着：是姜村的水土好吗？是姜村的老师有教育孩子的秘诀吗？

其实村子里的人也不知道这是为什么，但大家都隐隐感觉这件事与当年的那位老教授有关。

事情还得从20多年前说起。原来的姜村小学也不过是山区里再普通不过的一所小学，可是就在那一年，小学调来了一个50多岁的老教师，听人说这个教师是一位大学教授，不知什么原因被贬到了这个偏远的小村。这个老师教了不长时间以后，就有一个传说在村里流传：这个老师能掐会算，他能预测孩子的前程。他说有的孩子能成为数学家；有的孩子能成为音乐家；有的孩子能成为作家……

之后，大人们发现，他们的孩子与以前大不一样了，他们变得懂事而好学。老师说会成为数学家的孩子，对数学的学习更加刻苦；老师说会成为作家的孩子，语文成绩更加出类拔萃；老师说会成为音乐家的孩子课余时间不再贪玩，而开始专心地练习乐谱了。孩子们再不用像以前那样严加管教，他们都变得十分自觉。因为他们都被灌输了这样的信念：他们将来都是杰出的人，而好玩不刻苦的孩子都是成不了杰出人才的。

就这样过去了几年，当年的那些孩子要参加高考了。奇迹发生了，他们当中大部分人都以优异的成绩考上了大学。

后来，老教授年龄大了，离开了村子。他把预测的方法教给了新来的老师。从那以后，姜村每一年仍然考出了一批又一批的大学生。

那位老教授能预测未来吗？答案当然是否定的。他只不过是在那些幼小孩子的心里种下了信念的种子而已。人世间还有什么力量能超过信念的力量呢？正确的信念之下，便能产生强大的力量。

积极心态是一股不可抗拒的力量

一个人对自己充满了自信，对想要完成的事业也充满了信念，那么在接下来迈向成功的道路上最重要的是什么呢？应该数心态了，确切地说是积极的心态。科学研究表明，积极的心态能激发脑啡肽，脑啡肽又转而激发乐观和幸福的感觉，这些感觉反过来又增强了积极的心态，这样，就形成了良性循环。激发了人们高昂的情绪，帮助人们忍受痛苦，克服抑郁、恐惧，化紧张为精力充沛，并且凝聚坚韧不拔的力量。

克莱门·史东常说：积极的心态就是在不同状况下采取适当的心态。将信心贯注于努力上，这样总会产生良好的结果。当你以奋斗的心态来行动，即使结果不如预期的那么好，你仍会有好运气。积极的行动必定带来积极的结果。

史蒂文斯在一家软件公司已经做了8年的程序员，生活过得有条不紊。就在他认为自己将来会在这家公司一直做下去直到退休的时候，他失业了，一切都来得那么突然。因为，这家公司在这一年倒闭了。

这时候，史蒂文斯的第三个儿子刚刚出生没多久，在他感谢上帝恩赐的同时，也意识到：自己的存在对妻子和孩子来说具有重大的意义，他不可以就此丧失信心，必须积极地去面对重新找工作的处境。

他的生活开始变得凌乱不堪，每天最重要的工作就是不断地寻找工作。而他除了编程以外，一无所长。在当时的社会背景下，软件开发行业还不像现在这样普及，绝大多数此类的公司也都一个个地倒闭，如同史蒂文斯原来就职的公司一样。就这样，一个月过去了，他依然没有找到合适的工作。但是史蒂文斯并没有气馁，他仍然积极地行动着。

这一天，他在报纸上看到一家软件公司正在招聘程序员，而且待遇也不错。于是，史蒂文斯就揣着个人资料，满怀希望地赶到那家公司。让他没有想到的是，应聘的人多得难以想象，这意味着，竞争将会异常激烈。但是史蒂文斯并没有退缩，因为责任不允许他胆小，他从容地面试，经过简单的交谈，公司通知他一个星期后参加笔试。

笔试中，史蒂文斯凭着过硬的专业知识轻松过关，两天后复试。他对自己8年的工作经验无比自信，坚信面试对自己而言不是太大的麻烦。然而出乎意料的是，考官所问的问题和专业竟然毫无关系，全都是关于软件业未来发展方向的问题，这让史蒂文斯束手无策了。

失败是一定的。但是他并没有觉得沮丧，反而感觉收获不小。原来他只知道面对机器编写枯燥的程序，而从未考虑过未来发展方向这样的问题，这家公司对软件业的理解，令他耳目一新。激动之余他给这家公司写了一封信，以表达自己对此的感谢之情。他提笔写道："贵公司花费人力、物力，为我提供了笔试和面试的机会。虽然落聘，但此次应聘使我大长见识，受益匪浅。感谢你们为之付出的劳动，衷心地谢谢你们！"

这封信被层层上递，最后送到了公司的总裁办公室。总裁在看了信之后，一言不发，把它锁进了抽屉里。

3个月过去了，在圣诞节来临之际，史蒂文斯收到了一张精美的圣诞贺卡，上面写着：尊敬的史蒂文斯先生，如果您愿意，请和我们共同度过圣诞节。贺卡居然是他上次应聘的那家公司寄来的。原来，这家公司出现了空缺，他们首先想到了史蒂文斯。

史蒂文斯上任十几年后，凭着出色的业绩，一直做到了副总裁。这家公司便是世界闻名的微软公司。

无论情况好坏都要抱着积极的心态，不要让沮丧取代热情，生命可以价值很高，也可以一无是处，随你怎么选择。用积极的心态看到将来的希望，就能激发出现在的动力，积极心态会增强人们的信心，从而能够梦想成真。

拿破仑·希尔说："积极的心态，就是心灵的健康和营养。这样的心灵，能吸引财富、成功、快乐和身体的健康。消极的心态，却是心灵的疾病和垃圾。这样的心灵，不仅排斥财富、成功、快乐和健康，甚至会夺走生活中已有的一切。"

契诃夫在那篇著名的短篇小说《小公务员之死》中描写：小公务员伊凡因为打喷嚏时溅到了一位官员身上，反复道歉后仍觉得心神不宁，总感觉那位官员会找他的麻烦，每天茶不思饭不想，心里总在反复琢磨这件事，最终导致忧郁而终。虽然契诃夫对伊凡的死因描写得多少有些夸张，但这多少说明了心态对一个人的身心健康有着极其重要的意义。

有一个老太太有两个女儿，一个卖鞋，晴天生意好；一个卖伞，雨天赚钱多。于是，每逢晴天，老太太就为卖伞的女儿着急，天气这么好谁还来买伞啊？每逢雨天，她又为卖鞋女儿的生意清淡而忧伤。因此，无论天气如何，她都没有快乐的时候。一位贤人指点她说，你如果在雨天为卖伞的女儿高兴，晴天为卖鞋的女儿欢喜，不就天天气顺心畅了吗？

心理学专家威廉·詹姆士说："播下一种心态，收获一种思想；播下一种思想，收获一种行为；播下一种行为，收获一种习惯；播下一种习惯，收获一种性格；播下一种性格，收获一种命运。"由此可见，心态的改变，就是命运的改变。千万不要因为心态而使自己成为一个失败者。从现在起，无论在什么情况下都保持积极的心态，让整个身心都充满勇气和智能，这样，就能早日战胜自我，超越自我，到达成功的彼岸！

拿破仑·希尔说："要么你去驾驭生命，要么是生命驾驭你。你的心态决定谁是坐骑，谁是骑师。"人与人之间只有很小的差异，这很小的差异就是你所具备的心态是积极的还是消极的，巨大的差异就是成功和失败。

生活就像海洋，只有意志坚强的人才能到达彼岸

蒲松龄有一副对联："有志者，事竟成，破釜沉舟，百二秦关终属楚；苦心人，天不负，卧薪尝胆，三千越甲可吞吴。"很清楚地告诉人们其中所蕴含的人生哲理。

越王勾践面对亡国的耻辱，没有寻死觅活，而是忍辱负重，苟且偷生，同时积极地做着各方面的准备，耐心地等待机会。时机成熟，最终报仇雪恨。

人生路上总难免有失意的时候，没有永远的胜利者。同样，如果拥有顽强的意志力，也不会有永远的失败者。如果你真心诚意想要达到某一目标，并且愿意为此全力以赴，不达目的，誓不罢休，那么，成功其实并不是那么遥不可及。

海伦·凯勒刚出生的时候，是个正常的婴孩，能看、能听，也会咿呀学语。可是，一场疾病使她变成既盲又聋的小孩，那时，小海伦刚刚1岁半。

这样的打击，对于小海伦来说无疑是巨大的。每当遇到

稍不顺心的事，她便会乱敲乱打，野蛮地用双手抓食物塞入口里。若试图去纠正她，她就会在地上打滚，乱嚷乱叫，简直是个十恶不赦的"小暴君"。父母在绝望之余，只好将她送至波士顿的一所盲人学校，特别聘请沙莉文老师照顾她。

在老师的教导和关怀下，小海伦渐渐变得坚强起来，在学习上十分努力。

一次，老师对她说：希腊诗人荷马也是一个盲人，但他没有对自己丧失信心，而是以刻苦努力的精神战胜了厄运，成为世界上最伟大的诗人。如果你想实现自己的追求，就要在你的心中牢牢地记住"努力"这个可以改变你一生的词，因为只要你选对了方向，而且努力地去拼搏，那么在这个世界上就不会有比脚更高的山。

老师的话，犹如黑夜中的明灯，照亮了小海伦的心，她牢牢地记住了老师的话。

从那以后，小海伦在所有的事情上都比别人多付出十倍的努力。

在她刚刚10岁的时候，名字就已传遍全美国，成为残疾人的模范，一位真正的强者。

1893年5月8日，是海伦最开心的一天，这也是电话发明者贝尔博士值得纪念的一日。贝尔在这一日建立了著名的国际聋哑教育基金会，而为会址奠基的正是13岁的小海伦。

若说小海伦没有自卑感，那是不确切的，也是不公平的。幸运的是她自小就在心底里树起了颠扑不灭的信心，完成了对自卑的超越。

小海伦成名后，并未因此而自满，她继续孜孜不倦地努力学习。1900年，这个年仅20岁，学习了指语法、凸字及发声，并通过这些方法获得超过常人知识的姑娘，进入了哈佛大学拉德克利夫学院学习。

她说出的第一句话是："我已经不是哑巴了！"她发觉自己的努力没有白费，兴奋异常，不断地重复说："我已经不是哑巴了！"

在她24岁的时候，作为世界上第一个受到大学教育的盲聋哑人，她以优异的成绩毕业于世界著名的哈佛大学。

海伦不仅学会了说话，还学会了用打字机写作。她虽然是位盲人，但读过的书却比视力正常的人还多。而且，她写了7册书，她比正常人更会鉴赏音乐。

海伦的触觉极为敏锐，只需用手指头轻轻地放在对方的嘴唇上，就能知道对方在说什么；她把手放在钢琴、小提琴的木质部分，就能"鉴赏"音乐。她能以收音机和音箱的振动来辨明声音，还能够利用手指轻轻地碰触对方的喉咙来"听歌"。

如果你和海伦·凯勒握过手，5年后你们再见面握手时，她也能凭着握手认出你来，知道你是美丽的、强壮的、幽默的，或者是满腹牢骚的。

这个克服了常人无法克服的困难的残疾人，其事迹在全世界引起了震惊和赞赏。她大学毕业时，人们在圣路易博览会上设立了"海伦·凯勒日"。

她始终对生命充满了信心，充满了热爱。

在第二次世界大战后，海伦·凯勒以一颗爱心在欧洲、亚洲、非洲各地巡回演讲，唤起了社会大众对身体残疾者的注意，被《大英百科全书》称颂为有史以来残疾人士最有成就的由弱而强者。

美国作家马克·吐温曾评价说："19世纪中，最值得一提的人物就是拿破仑和海伦·凯勒。"身受盲、聋、哑三重痛苦，却能克服残疾并向全世界投射出光明的海伦·凯勒，以及她的老师沙莉文女士的成功事迹，说明了什么问题呢？答案是很简单的：如果你在人生的道路上，选择信心与顽强的意志作为支点，也就具备了勇于挑战自己的前提，那么再高的山峰也会被踩在脚下。人与人之间、弱者与强者之间、成功与挫败之间最大差异就在于意志力量的差异。一旦有了意志的力量就能战胜一切困难。

泰戈尔说："上天完全是为了坚强我们的意志，才在我们的道路上设下重重的障碍。"

牛顿在21岁就发现了万有引力定律。然而，在测量地球圆周时发生了一个微小的偏差，这使他迟迟不能证明自己的理论，当时他的理论遭到了学术界的怀疑，人们都认为他在异想天开，而牛顿没有就此放弃，此后的许多年里，他用自己百折不挠的意志力一直在为此努力着。20年后，他终于自己纠正了那个偏差，证明无论是行星在轨道上的运行，还是苹果落地，都是受同一种法则支配的，那就是——万有引力定律。

爱迪生一生有1000多种发明，堪称世界发明大王。一天，有一个记者采访他问道："您的发现是不是都出自直觉？是不是夜里醒来的时候，那些发明就突然出现在您的脑海里了？"

"我从来不做投机取巧的事情，"爱迪生回答，"我的发明除了照相术外，没有一项是由于幸运之神的光顾，而全都是因为一旦下定决心，知道应该往哪个方向努力，我就会勇往直前，一遍一遍地试验，直到产生最终的结果。我的发明都限于一些有商业价值的领域，对于那些纯粹满足人们猎奇心理而毫无实用价值的奇思怪想，我根本没有时间去顾及。"停了一下，这位大发明家接着说，"我就是喜欢做这些事情，没有别的理由。不论什么事情我一旦着手，如果不到最后做完我就会不舒服，就会一直放在心上。"

为了证明"地球是个圆体"，哥伦布为此奋斗了一生。当时，他先后向葡萄牙、西班牙、英国、法国等国家的国王请求资助，以实现他向西航行到达东方国家的计划，但都遭到拒绝。一方面，当时地圆说的理论尚不完备，大多数人都不相信，他们认为哥伦布是个骗子。一次，在西班牙关于哥伦布计划的专门审查委员会上，一位委员问哥伦布："即使地球是圆的，向西航行可以到达东方，最后再回到出发港，那么有一段航行必然是从地球下面向上爬坡，帆船怎么能爬上来呢？"对此问题，哥伦布一时语塞。另一方面，西方国家对东方物质财富需求除传统的丝绸、瓷器、茶叶外，最重要的是香料和黄金。其中香料是欧洲人起居生活和饮食烹调必不可少的材料，需求量很大，而本地又不生产。当时，这些商品主要经传统的海陆联运商运输。经营这些商品的利益集团也极力反对哥伦布开辟新的航线。在重重阻挠之下，哥伦布并没有灰心，他继续为此奔波，直至1492年，他得到了西班牙国王的资助，组成船队，先后四次出海远航，开辟了大西洋到美洲的航线。

凡事不能持之以恒，正是很多人最后失败的根源，而一切领域所有的重大成就无不与坚韧不拔的品质有关。成功更多依赖的是人的意志力，一个对自己信念的坚持能够这样全力以赴的人，必定会有所成就；如果他同时还拥有才华、机智，那么他距离成为伟人就不远了。

因为有了坚强的意志力，才有了华夏大地千年不倒的万里长城，才有了埃及平原上宏伟壮观的金字塔，才有了耶路撒冷巍峨的庙堂；因为有了坚强的意志力，人们才登上了气候恶劣、云雾缭绕的世界顶端——珠穆朗玛峰，才在宽阔无边的大西洋上开辟了通道；正是因为有了坚强的意志力，人类才夷平了新大陆的各种障碍，建立起了人类居住的共同体。坚强的意志力让天才在大理石上记下了精美的创作，在画布上留下了大自然恢宏的缩影；坚强的意志力创造了纺锤，发明了飞梭；坚强的意志力使汽车变成了人类胯下的马，装载着货物翻山越岭，弹指一挥间在天南地北往来穿梭；坚强的意志力让白帆撒满了海上，使海洋向无数民族开放，每一片水域都有了水手的身影，每一座荒岛都有了探险者的足迹；坚强的意志力还把对大自然的研究分成了许多学科，探索自然的法则，预言其景象的变化，丈量没有开垦的土地。

滴水可以穿石，锯绳可以断木。如果三心二意，哪怕是天才，终有疲惫厌倦之时。只有仰仗恒心，心存坚定的意志，点滴积累，才能看到成功之日。

在困难面前，只有那些放弃的人才是真正的失败者

在每个人的人生旅途中，都会遇到很多问题和困难，只有永不放弃的精神，不断自我鞭策，自我激励，才能战胜困难和自我，到达最后成功的彼岸。

石油大王洛克菲勒曾说过："即使拿走我现在的一切，只留下我的信念，我依然能在十年之内将它们夺回。"虽然这只是一个假设，但从中可以看到信念对于一个人的重要。

坚定的信念让人产生十足的动力，它对于人生的影响举足轻重。它隐藏在我们身体的内部，只要善于运用，就是一股取之不尽的力量源泉。

约翰·詹姆斯·奥杜邦是美国著名的画家、博物学家和杰出的鸟类学家。在奥杜邦18岁那年，他移居美国。来到美国的奥杜邦很快就被北美大陆丰富多彩的鸟类所吸引。他把全部的时间投入美国的原野，观察和绘制鸟类。后来，他出版了关于鸟类学的巨著《美洲鸟类》，它被誉为19世纪最伟大和最具影

响力的著作。可很少有人知道，这本巨著是奥杜邦花了怎样的代价取得的。原来，奥杜邦为了观察鸟类的习性，也为了便于绘画，在森林中刻苦工作了很多年，最后精心制作了200多幅鸟类图谱，它们具有极高的科学价值。但有一次度假归来后，他发现这些图谱都被老鼠糟蹋了。回忆起这段经历，他说："强烈的悲伤几乎穿透我的整个大脑，我连着几个星期都在发烧。"但当他的身体和精神得到一定恢复后，他又拿起枪，背起背包，走进丛林，从头开始，一张一张地画，这一次画得比第一次还要完美。正因为有了第二次的坚持，才有了后来的那本巨著。

对于一个没有失掉勇气、意志、自尊和信念的人来说，他最终是一个胜利者。

英国著名的历史学家卡莱尔在写作《法国革命史》时遭遇的不幸更为惨痛。他经过多年艰苦劳动完成了全部文稿，他把手稿交给最可靠的朋友米尔，希望从他那里能得到一些中肯的意见。米尔在家里看稿子，中途有事离开，顺手把它们放在了地板上。谁也没想到女仆把书稿当成废纸，用来生火了。这部呕心沥血的作品，在即将交付印刷厂之前，几乎全部化作灰烬。卡莱尔听说后犹如晴天霹雳，因为他根本没留底稿，连笔记和草稿都被他扔掉了，这对他来说几乎是一个毁灭性的打击。但他没有绝望，他说："就当我把作业交给老师，老师让我重做，让我做得更好。"然后他重新查资料、记笔记，把这个庞大的作业又做了一遍。

对于一个真正的强者来说，成功路上的绊脚石都仅仅是一个个小小的插曲，是事业中的一点小麻烦，并不重要。只要坚持心中的信念，永不放弃，那成功就并不遥远了。

依靠坚强的信念，我们可以完成很多看起来不可能完成的事。强烈的希望就是一种坚强的信念，在这种信念的作用下，我们不但可以克服许多难以想象的困难，甚至连死神都会退步。

"亚历山大"号海轮已经连续航行了十几天，再需半天时间就将到达目的地。大副哈费特乐滋滋的，妻子和儿子马上就可以依偎在自己的怀抱里了。想到这里，哈费特兴奋地捧起挂在胸前的水壶，"咕咚，咕咚"喝了两口。

就在这时，船舱里冒出了股股浓烟！船出事了！惊慌失措的乘客们从船舱里涌向甲板。

"亚历山大"号在海面的大风中开始剧烈地摇晃起来。

乘客们绝望地四处逃去，有人"扑通""扑通"跳入水中。哈费特大声地喊着"冷静""不要慌"，但他的声音被乘客的尖叫声和咆哮的海浪声淹没了。哈费特眼巴巴地看着他们一个个跳入大海，被巨浪席卷而去。

哈费特跑到船舷旁，解开一只救生艇，他划着救生艇从水里救出6个人。这时，他听到一声震耳欲聋的巨响，看到"亚历山大"号升起了一团冲天的火球，"亚历山大"号船毁人亡……

救生艇被海浪猛烈地推搡着，生还的7个人则死死抓住了救生艇，任凭它摇晃、漂荡。直到第二天下午，海面上才渐渐风平浪静。7个幸存者极目四望，海天茫茫，他们不知身在何方。

哈费特对大家说："伙计们，少说些话，保存些体力，我们不知道什么时候才能被人救起。而我们现在已经没有食物和淡水了。"

大家沉默下来。有个人一眼瞥见哈费特胸前的水壶，气呼呼地说："你脖子上的水壶里装的不是淡水吗？你想要独吞它吗？"

哈费特看了看胸前的水壶，小心地摇了摇，然后对大家说："给我们生命构成最大威胁的不是没有食物，而是没有水。这里只有一壶淡水，它是我们生命的最终保障，是救命的水，我们只有到了生理极限的时候，才能动它。"

说着，哈费特从腰间掏出一把左轮手枪，继续说："或许，我们马上就会口干舌燥，我们都会打这壶水的主意……但女士们、先生们，你们要明白，还远远没到我们的生理极限，不到万不得已的时候，谁要敢动它，我会毙了他！"

救生艇继续在海面上漫无目的地随波逐流漂了3天，船上的人一个个地倒了下去，他们虚弱极了，他们想要水喝。但哈费特却一直没把水壶拿下来。

大家都认为是哈费特想要独吞那壶水，一个个都费尽力气睁大眼睛监视着他。

第四天，一位夫人终于熬不住了，她时而昏过去，时而醒过来。她醒过来的第一句话就是："水……水……请给我点水。"哈费特依然不为所动，他让夫人继续坚持着。

就这样，到了第六天，他们发现有一个人已经死去了。悲哀和绝望让救生艇上的人们伤心地哭了。可是，因为体内缺水，他们已流不出半滴眼泪。大家质问哈费特："都已经有人渴死了，难到还没到最需要水的时候吗？是你害死了他！""不，是他杀了自己，他本来可以像夫人一样挺过来的，可他喝了海水……"哈费特反驳道。

中午的时候，所有的人都倒下了，他们像即将渴死的鱼一般，无力地翕张着嘴。哈费特呢？早已斜躺在船帮上，手枪落在一旁，他的双手紧抱着水壶，但已没了力气打开水壶喝那"救命水"了……

就在夜幕降临时，远处突然传来了汽笛声。接着，两道刺目的灯光扫射到救生艇上，救援的海轮终于发现了他们。

仿佛有一股力量注入大家的体内，一个人爬到哈费特跟前，拽过那只水壶，他想灌个痛快。但他感觉水壶太轻，好像没有水。他拧开水壶盖儿，将水壶口朝下，里面果然没有一滴水……

救生艇上的6个人得救了。

信念是茫茫大海上一座稳固的灯塔，指引人生前进的方向；信念是一杯力量无穷的"生命之水"，引领人们创造生命的奇迹。

信念，是保证一生追求目标成功的内在驱动力；信念的最大价值是支撑人对美好事物孜孜以求；坚定的信念是永不凋谢的玫瑰。在人生的路上，如果能够相信自己，多给自己一点信心，以"别人能做得到，我能做得更好"的信念对待自己的人生，那么你的明天一定会更加灿烂辉煌！

3

Chapter 3

决心就是力量，
信心就是成功

知识就是通往明天的起点

苏格拉底认为："知识即良善，无知即邪恶。"时代的车轮隆隆滚过昨天，滚到今天，人类已从农业文明走入工业文明，并正从工业文明走向知识文明。

知识就是力量，它控制了通往机会与进步的大门。在当代，科学家和学者占据着高级的地位，可以大致决定一个国家的各种政策。以前，有钱的人可以是资本家，现在学者也一定能创造财富，所以在21世纪，知识就是财富，有学问的人将不再不名一文。知识，正在提高致富的速度。

从前有一位画家，通过自己的努力在画坛上已有所建树。这一年，正值他从艺20周年之际，一家画廊准备为他举办一次盛大的画展，以此对他表示祝贺。画家整理了自己这20年来各个不同时期的代表作品，准备展出。可就在画展临近的前几天的一个晚上，画家的家被盗了。他精心准备的所有画作及家中值钱的东西都被小偷偷走了。画家从一个家财丰厚的名人一下子跌入了人生的低谷，朋友们都为他感到难过和惋惜。他却满不在乎地说："这没有什么，被偷走的那些画并非我的全部财产，那只不过是我从财富中开出去的几张支票而已。我真正的财产在这里。"他指着自己的头，继续对朋友们说："画是从这里创造出来的，这里还将产生更多更有价值的作品。"

知识是偷不走的财富，智慧是抢不去的资本。一颗装满知识的心灵，是不断产生财富的源泉；一颗充满智慧的大脑，是不断发明奇迹的开关。

一个人拥有知识越多，他的视野就越广阔，从而就看得比别人远，就能在别人看不到机会的地方首先发现机会，从而取得出人意料的成功。

培根说过："知识能塑造人的性格。"读史使人明智，读诗使人聪慧，研究数学使人精密，物理学使人深刻，伦理学使人高尚，逻辑修辞学使人善辩。

一个人如果精神上很贫乏，没有一定的知识修养，他就很难在和有一定知识的人打交道时表现出自信。

在一艘轮船上，坐着许多腰缠万贯的大富翁，其中，也坐着不名一文的拉比。

富翁们在一起炫耀财富，一个说："我这次做生意赚了整整一箱子黄金。"另一个说："这不算什么，我赚了五箱珠宝玉器。"另一个更加不服气，"你们都没有我赚得多，这次航海回来我足足带来几十箱的财宝。"他们一个个都自命不凡，高谈阔论着。拉比对他们不屑一顾，他说："其实，我才是你们中最富有的人。"富翁们看了看相貌平平，穿着普通的拉比，禁不住哈哈大笑起来。"你的财富在哪儿呢？可不可以让我们见识见识啊！"一个富翁趾高气扬地说道。"我的财富你们是看不见的。"拉比的话换来了富翁们的又一阵嘲笑。

接下来不幸的事发生了，就在轮船即将靠岸的时候遭到了海盗的抢劫。富翁们的金银珠宝被搜刮一空，一下子全变成了穷光蛋。唯有拉比什么也没有损失，因为他的财宝海盗们看不见。

客船抵达目的地，曾经的富翁们一个个灰溜溜地下了船，各奔东西。拉比下船后，没几天，就在港口开办了一所学校，由于他学养高深，前来学习的人络绎不绝，拉比的名声也逐渐在市民中传播开来。

后来，那些与拉比同船的富翁们，羡慕地互相谈论着拉比，他们终于相信：拉比确实是他们中最富有的人。

犹太人一直代代相传着这样的信条：没有人是贫穷的，除非他没有知识；知识胜过财宝，拥有知识不显山不露水，别人也抢不走，轻松走八方，不必手提不必肩扛；一个人要是没有知识，那他还会得到什么呢？

财富固然很重要，但不是人生最重要的东西。早上腰缠万贯，晚上一贫如洗，这也是常有的现象。唯有知识，才是人生最宝贵的财富。

　　学习获得知识，知识奠定才能，才能通往智慧，智慧取得成功。智慧使人们生活从容自信，举重若轻，镇定自若，点石成金，怡然自得。人们终生追求的不就是这样快乐的生活，这样幸福的感觉吗？

多数人都拥有"宝藏"，都有可能做到未曾梦想的事情

科学研究告诉我们，人类现在使用的能力只是潜在能力的十分之一。人们现在所认识到的自己的能力，就好像冰山的一角。冰山在海面上露出的部分只是整体的十三分之一，而剩下的十三分之十二都埋藏于海水之下。人类的潜力也正是如此。

人的潜能是无限的，但是没有自信的人就不会感受到它的存在。对于大部分人来说，绝境就意味着失败，但对于一个意志坚强、目标坚定的人而言，走投无路时往往会激起内心更大的潜能。

人类在本质上称得上万物之灵。换句话说，人类具有无限发展的可能性，发展自己的潜能，也发展别人的潜能。利用万物，以创造出无穷的生机。

梅尔龙原本是一个身体很健康的美国青年，19岁那年，他参加越战，被流弹打伤了背部的下半截。被送回美国医治，经

过治疗，他虽然逐渐康复，却没法行走了。

梅尔龙已经被医生确定为残疾人，他在轮椅上已经坐了12年。然而，因为一个突发事件他却出乎意料地站了起来，这不得不说是个奇迹。

梅尔龙整天坐轮椅，觉得此生已经完结，完全丧失了做人的意志，他经常借酒消愁。有一天，他从酒馆出来，照常坐轮椅回家，在路边碰上3个劫匪，匪徒动手抢了他的钱包。由于他拼命呐喊拼命抵抗，触怒了劫匪，他们竟然放火点着了他的轮椅。轮椅突然着火，求生的欲望让梅尔龙忘记了自己是残疾人，他猛然站起身来竟一口气跑完了一条街。

事后，梅尔龙说："如果当时我不逃走，就必然被烧伤，甚至被烧死。我忘了一切，一跃而起，拼命逃跑，及至停下脚步，才发觉自己能够走动。"后来，梅尔龙找到一份职业，他完全恢复了健康，与常人一样。

还有一个故事，同样发人深省：一位农夫在谷仓前面干活，他13岁的小儿子正驾驶着一辆轻型卡车快速地向他开过来。儿子由于年纪还小，还没有考到驾驶执照，但是他对汽车很着迷，一直哀求父亲能让他亲自驾驶一回。父亲拗不过同意了，但只准许在农场里开，不准上外面的路。

由于技术还不熟练，儿子驾驶的车突然间失去了控制，农夫眼看着汽车翻到了田间的水沟里。他大为惊慌，急忙跑到出事故地点。他看到沟里有水，而他的儿子被压在车子下面，躺在那里，只有头的一部分露出水面，情况十分危急。

农夫毫不犹豫地跳进水沟，把双手伸到车下，把车子抬了起来，足以让另一位跑来援助的工人把那失去知觉的孩子从下面拽出来。当地的医生很快赶来了，给男孩检查一遍，发现只有一点皮肉伤需要治疗，其他毫无损伤。

这个时候，农夫却开始觉得奇怪了，刚才去抬车子的时候，根本没有停下来想一想自己能不能抬得动。由于好奇，来到车前又试一次，结果他使出了全身的力气那辆车却丝毫未动。

医生说这是个奇迹，他解释说身体机能对紧急状况产生反应时，肾上腺就大量分泌出激素，激素传到整个身体，产生出额外的能量。这就是对这一现象的唯一解释。

人在绝境或遇险的时候，往往会发挥出不寻常的能力。当没有退路的时候，就会产生一股"爆发力"，这种爆发力即潜能。任何成功者都不是天生的，成功的根本原因是开发了人的无穷无尽的潜能。只要你抱着积极心态去开发你的潜能，你就会有用不完的能量，你的能力就会越用越强。

一位音乐系的学生走进练习室。在钢琴上，摆着一份全新的乐谱。

"难度太高了……"他翻着乐谱，喃喃自语，感觉自己对弹奏钢琴的信心似乎跌到谷底，消弭殆尽。

指导教授是个极其有名的音乐大师。授课的第一天，他给自己的新学生一份乐谱，"试试看吧！"他说。乐谱的难度颇高，学生弹得生涩僵滞、错误百出。"还不成熟，回去好好练习！"教授在下课时，如此叮嘱学生。

学生练习了一个星期，第二周上课时正准备让教授验收，没想到教授又给他一份难度更高的乐谱，"试试看吧！"上星期的课教授也没提。学生再次挣扎着向更高难度的技巧挑战。第三周，更难的乐谱又出现了。

这样的情形持续着，学生每次在课堂上都被一份新的乐谱所困扰，然后把它带回去练习，接着再回到课堂上，重新面临两倍难度的乐谱，却怎么样都追不上进度，一点也没有因为上周练习而有驾轻就熟的感觉，学生感到越来越不安、沮丧和气馁。

教授走进练习室，学生再也忍不住了，他必须向钢琴大师提出这3个月来何以不断折磨自己的疑惑。教授没开口，他抽出最早的那份乐谱，交给了学生。"弹奏吧！"他以坚定的目光望着学生。不可思议的事情发生了，连学生自己都惊讶万分，他居然可以将这首曲子弹奏得如此美妙、如此精湛！教授又让学生试了第二堂课的乐谱，学生依然呈现出超高水准的表现……演奏结束后，学生怔怔地望着老师，说不出话来。

"如果，我任由你表现最擅长的部分，可能你还在练习最早的那份乐谱，就不会有现在这样的程度……"钢琴大师语重心长地说。

卡耐基常说："在人的一生中，无论何种情形下，你都要不惜一切代价，走入一种可能激发你的潜能的气氛中，可能激发你走上自我发达之路的环境里。"因为这样，你的潜能被激发，才能常常做出自己意料之外的事情来。

美国著名的牧师拉塞尔·康韦尔在一次演讲中曾讲到这样一个故事：

有个农夫拥有一块几英亩的土地，靠着辛勤耕作，日子过得还不错。后来他听从南方回来的人说，南方有好多土地下面都埋着宝藏，只要能找到一块，就发大财了。农夫听后，动心了，他卖掉自己的土地到南方寻找埋有宝藏的地方去了。

他一直走到很远很远的南方，最终仍未发现什么宝藏。这样15年过去了，最后，农夫囊袋空空，一贫如洗，在海滩绝望地自杀了。

无巧不成书，当年买下农夫土地的人在散步时无意中发现了一块石头，他捡起来一看，石头亮晶晶的，光彩夺目。经过仔细察看，新主人发现那是一块钻石！就这样，在农夫为寻宝藏而舍弃的土地下面，新主人发现了从未发现过的最大的钻石矿藏。

　　这个故事向人们揭示：财富只属于自己去发掘的人，财富只属于依靠自己土地的人，财富只属于相信自己能力的人！

　　要相信自己就是一座储量极其丰富的宝藏，这些宝藏就是你自身无限的潜力。要想它们能为你所用，最关键的是靠自己不断地去挖掘。坚定自信，才能促使潜能无限量地发挥，从而让你的人生绽放出耀眼的光芒。

工欲善其事，必先利其器

在生活中，我们要学会未雨绸缪。只有这样才能够在危险突然降临时，不致手忙脚乱。"书到用时方恨少"，平常若不充实学问，临时抱佛脚是来不及的。也有人抱怨没有机会，然而当升迁机会来临时，再感叹自己平时没有积蓄足够的学识与能力，以致不能胜任，那也只好后悔莫及了。

21世纪的竞争就是人才的竞争。在现代这个竞争激烈的社会中，实力和能力的打拼将越来越激烈。谁不去学习，谁就不能提高自己的能力，谁就会落后。学习，是进步的阶梯，只有不断地一层一层迈上去，才能逐渐体会到学习给你带来的巨大收益。

一个人拥有的知识与他的自信是成正比的。只有不断地学习，才能积累一定的知识和阅历，才能对自己的人生方向和前景有更加明确和美好的向往。如果没有知识，这一切都将是建在海滩上的沙堡，海浪一过它们将消失得无影无踪。

在一个漆黑的晚上，老鼠首领领着一群小老鼠外出觅食。

它们走到一户人家的厨房里，发现垃圾桶中有很多剩余的饭菜，对于老鼠来说，这就好像人类发现了宝藏一样。

老鼠首领一挥手，小老鼠们蜂拥而上，正当它们准备大吃一顿的时候，突然传来了一阵令它们肝胆俱裂的声音，"喵——"，原来一只大花猫正在朝它们飞跑过来。老鼠们震惊之余，便各自四处逃命开来。大花猫毫不留情，穷追不舍，终于有两只小老鼠躲避不及，被大花猫捉到。正在大花猫要把它们吃掉的紧要当口，突然传来一连串凶恶的狗吠声，大花猫一听，顿时吓得手足无措，丢下小老鼠落荒而逃。

大花猫逃走后，老鼠首领从垃圾桶后面走出来说："我早就对你们说，多学一种语言有利无害，你们平时贪吃贪睡就是不肯听，这次要不是我学了大狼狗的叫声，你们两个早就一命呜呼了。"

虽然这只是个小笑话，但从中却不难看出这样一个道理：拥有的知识越多，你的自信心就越强，也就能够在关键时刻救人或救己于危难之中。中国有句老话："多一门技艺多一条路。"说的也是这个道理，不断学习，拥有更多的知识才是成功人士的终身保障。

只有不断学习的人才具有魅力。因为不断地学习，时间就会给予知识一个从量变到质变的飞跃，言行中流露出的是令人折服的力量。时代在不断进步发展，快节奏的时间行程对于爱学习和渴望学习的人是最好的行程伴奏和激励节拍，越激越勇，形成难能可贵的良性循环，勇攀高峰，届时人生将到处充满希望和机遇。

小李很不满意自己的工作，她经常生气地对朋友说："我的老板一点也不把我放在眼里，总找我工作中的毛病，动不动就跟我拍桌子瞪眼睛的，真是好烦啊！等哪天我受不了他的时候，我也要对他拍桌子，然后就辞职不干。"

朋友问他："你在这家贸易公司上班也已经半年了，你对公司完全弄清楚了吗？对做国际贸易的窍门完全搞通了吗？"

小李摇了摇头，不解地望着朋友，"我只负责办公室一些日常的工作，对外贸易又不归我管，我懂那么多干什么？"

朋友建议道："你这种想法是完全错误的，现在企业最需要的是全能型的人才，如果你能把公司经营的各个环节都摸透的话，相信你就不会是现在这个情况了。君子报仇十年不晚，我建议你把商业文书和公司组织完全搞懂，甚至连怎么修理影印机的小故障都学会，然后再辞职不干也不晚。"

看着小李一脸迷惑的神情，朋友解释道："公司是免费学习的地方，你什么东西都搞懂了之后，再一走了之，不是既出了气，又有许多收获吗？"

小李采纳了朋友的建议，从此便开始默学偷记，甚至下班之后，还留在办公室研究写商业文书的方法。

一年之后，那位朋友偶然遇到小李，问道："怎么样，该学的东西学得差不多了吧，准备什么时候和老板拍桌子不干啊？"

小李笑了，"我是学到了不少的东西，但不准备和老板拍桌子了。因为我发现近半年来，老板对我刮目相看，最近更是不断加薪，并委以重任，我已经成为公司的红人了！"

"这是我早就料到的！"朋友笑着说，"当初你的老板不重视你，是因为你的能力不足，却又不努力学习，而后你痛下苦功，通过学习，工作能力不断提高，他当然会对你刮目相看了。"

一个人如果没有知识，就没有能力，而能力是自己所学的知识、工作经验、人生的阅历和长者的传授的结合体。能力的培养和不断学习是密不可分的，只有不断充实和完善自己，才能让自信之花开得更加灿烂，才能赢在人生的各个起跑线上。

要学会如何学习。

高尔基说："人的天才只是火花，要想使它成为熊熊火焰，靠的就只有学习！学习！"

美国商业顾问汤姆·彼得斯在所著的《解放管理》一书中写着这样一段话："记住：（1）教育是通向成功的唯一途径；（2）教育并不以你获得的最后一张文凭而中止。终身学习在一个以知识为基础的社会里是绝对必需的。你必须认真地接受教育，其他所有人也必须认真接受教育。教育是全球性相互依存经济中的'大竞赛'。就是如此而已。"

汤姆要告诉人们的是，教育（学习）的真正目的并不在于记忆、存储，或是学会运用某种特定技巧，而是在于让人学到会学习的能力。

陶宗仪是我国著名的史学家、文学家。他于明初洪武年间曾任教官。《明史》上说他教学之暇，亲躬耕耘，思考的时候，每每把自己的治学心得和诗作、见闻写到伸手摘下的树叶上，然后把它们包好放进一口瓮里，瓮满了，就在树下挖个坑埋起来。10年过去了，装满树叶的瓮有了几十个。一天，他让学生们把那些瓮都挖出来，再将叶子上的文字加以抄录整理成书，这就是我们今天可看到的长达30卷的《南村辍耕录》。

要具备终身学习的能力，关键就在于必须"学会如何学习"。

爱因斯坦说过，从学校毕业几年之后，真正对你有用的东西就是方法。的确，方法在人们的学习、生活、工作中占有极其重要的地位。

宋代著名诗人梅尧臣可谓宋诗的开山祖师，他满腹经纶、出口成诗。有人对他横溢的诗才感到惊讶，便留心观察他的"秘诀"何在。人们发现他无论走路、吃饭、外出，手里总拿着一支笔，几张纸。时而在一张小纸条上写几下，而后就把小纸条装入一个布口袋中。有人打开他那口袋细看时，嗬！上面写的全都是一联、半联的诗句，原来梅尧臣的秘诀就在于"积"。

珍尼特·沃斯和戈登·德莱顿在《学习的革命》一书中说道："真正的革命不只在学校教育之中，它还在学习如何学习，学习你能用于解决任何问题和挑战的新方法中。"

联合国教科文组织专家成员埃加·富尔说："未来的文盲就是那些没有学会怎样学习的人。"

如今是一个全球资讯迅速流转的时代，机会转瞬即逝。"创新"这个字眼广泛应用于社会的各个环节，各种环境之中。仅仅依靠书本上的知识早已不能满足人们生活工作中的需要，因循守旧，只能在巨变的洪流中沉入水底，终将无法避免被淘汰的命运。

台湾企业战略专家石滋宜博士为人们揭示了这样一个道理：

懂得如何学习的人，自然能掌握变化、掌握趋势；

懂得如何学习的人，自然有事业心、有应变力；

懂得如何学习的人，自然能够有创造力、有前瞻性。

过去我们说，不愿学习的人是愚蠢的人，而现在却可以毫不夸张地说：不会学习，是一种罪恶。

古罗马著名哲学家塞涅卡说："自然赐给了我们知识的种

子，而不是知识的本身。"学习知识就像画圈。随着知识的日积月累，你的圈也就越画越大，当你扬扬自得时，不妨看看圈外的世界，你会发现这个圈所接触的空白也相应地在增加。真实的生活正在向我们展示它的博大精深。

不学习的人，不如好学习的人；好学习的人，不如会学习的人。

永远记住培根的这句话：知识就是力量

在古希腊帕特农神庙上刻着这样一句话："一个求知一生的人，他能成为驾驭人生的宙斯。"知识的确有强大的功能，它能改造世界，也能造就人类自身。历来的成功之道在于：有知胜无知，大知胜小知。所以假如你是一个有知之人、大知之人，那么你就成了能够驾驭自己人生的"宙斯"；反之，你就会成为失败的"奴仆"。

中国古代也有两句关于知识的名言："书中自有黄金屋，书中自有颜如玉。"这两句名言出自宋真宗赵恒。宋真宗在政治上虽不曾有过远大的抱负，但他的这两句话却流传千古，一直为后人所津津乐道。南宋诗人、画家郑思肖在诗中云："布衣暖，菜羹香，诗书兴味长。"更是道出了书中滋味。人们若终生与好书为伴，着迷似的汲取书中美味，就能将自己演化成一个于社会有用的人，一个自身得到完善发展的人。

民国年间，湖北儒医熊伯伊在医道上妙手回春，远近闻名。此外，他还是一个酷爱读书、博学多才、能诗善文的人。

他作为座右铭的诗作《四季读书歌》，笔调生动、情趣盎然，至今，依然对人教益良多，让人在轻松阅读之中思绪无穷：

"春读书，兴味长，磨其砚，笔花香。读书求学不宜懒，天地日月比人忙。燕语莺歌生领悟，桃红李白写文章。寸阳分阴须爱惜，休负春色与时光。

"夏读书，日正长，打开书，喜洋洋。田野勤耕桑麻秀，灯下苦读声琅琅。荷花池畔风光好，芭蕉树下气候凉。农村四月闲人少，勤学苦攻把名扬。

"秋读书，玉器凉，钻科研，学文章。晨钟暮鼓催人急，燕去雁来促我忙。菊灿疏篱情寂寞，枫红曲岸事彷徨。千金一刻莫空度，老大无成空自伤。

"冬读书，年去忙，翻古典，细思量。挂角负薪称李密，囊萤映雪有孙康。围炉向火好勤读，踏雪寻梅莫乱逛。丈夫欲遂平生志，十载寒窗一举场。"

人的一生就是一个不断学习的过程，有意识的学习并不是每一个人都能做到的。孔子说："三人行，必有我师焉。"只要你愿意学，机会随处都是。为人处世中，愿意学习和不愿意学习，其结果大不一样。有的人先天条件好，因而自得其满，往往是一事无成。所以说，劝人学是件善事，听人劝是一件好事。

子路是孔子门下深得孔子欣赏的一位弟子，以勇武刚直、擅长治政而著名。但他在刚刚见到孔子的时候，根本不知道学习的重要性。

孔子见子路来见他，以为他是为求学而来的，所以迎头便问："你爱好什么？"子路没弄清楚孔子的意思，贸然回答："我爱好长剑。"孔子摇了摇头，说："我问的不是这个。我是说，你是个有能力的人，假如再加上勤学好问，成就将不可限量。"

子路理直气壮地说："南山上的竹子，本来就直挺挺的，用不着矫正。砍来当箭用，可以射穿犀革。由此看来，本质好就行了，做学问有什么用呢？"

孔子进一步解答道："不错，砍了竹子，是可以当箭用的。但如果在它的一端束上羽毛，另一端装上一支金属的箭头，并且磨得十分锋利。这样不会射得更加深入吗？"子路听了，恍然大悟，恭恭敬敬地向孔子行了大礼，说："我十分愿意接受你的教育！"

孔子说："我非生而知之者，好古，敏以求之者也。"学而知之，是自古以来治学立身的良训，也是为人处世中能够有所成就的根本之策。有些人自恃先天条件好而不肯学习或很少学习，然而随着时间的流逝，原来那点先天的优越性很快就会消失殆尽，最后的结果只能是被时代所淘汰。子路正是及时领悟了孔子的意思，发现学习的可贵之处，才最终成为七十二贤人之一。

在今天这个动荡变化竞争激烈的时代，终身学习已经成为每个人经营生命的重要途径之一。终身学习所代表的是活到老、学到老，而且是更积极地把握人生中每一刻快速学习及学以致用。终身学习的精髓，正如南宋大思想家朱熹说过的一样："无一人不学、无一事不学、无一时不学、无一处不学。"

耶鲁大学毕业考试的最后一天。在一座教学楼前的阶梯上，有一群经济管理系大四的学生挤在一起，他们正在讨论几分钟后就要开始的考试。他们的脸上显出很有信心。这是最后一场考试，接着就是毕业典礼和找工作了。有几个说他们已经找到工作了。其他的人则在讨论他们想得到的工作。

怀着对四年大学教育的肯定，他们觉得心理上早有准备，能征服外面的世界。

即将进行的考试他们认为只是很轻易的事情——教授说他们可以带需要的教科书、参考书和笔记，只要求考试时不能彼此交头接耳。

他们喜气洋洋地走进教室。

教授把考卷发下去，学生都眉开眼笑，因为看到试卷上只有5道论述题。

3个小时过去了，教授开始收考卷。学生们似乎不再有信心，他们的脸上现出担忧的表情。没有一个人说话。教授手里拿着考卷，面对着全班同学，端详着他们担忧的脸，问道："有几个人把5个问题全答完了？"

没有人举手。

"有几个答完了4道题？"仍旧没有人举手。

"三个？两个？"

学生们在座位上不安起来。

"那么一个呢，一定有人做完了吧？"全班学生仍然保持沉默。

教授放下手中的考卷说："这正是我预期的。我只是要加深你们的印象：即使你们已完成4年经济管理的教育，但仍旧有许多有关经济管理的问题你们还不知道。这些你们不能回答的问题，在今后的日常工作中将得到进一步的完善。"

教授微笑着说下去："这个科目你们都会及格，但要记住：虽然你们是大学毕业生，但你们的学习才刚刚开始。"

英国哲学家培根说过："知识能塑造人的性格。""求知的目的不是为了吹嘘炫耀，而应该是为了寻找真理，启迪智慧。"

利希顿堡说："当你还不能对自己说今天学到了什么东西时，你就不要去睡觉。"

马戈说："多则价廉，万物皆然，唯独知识例外。知识越丰富，则价值就越昂贵。"

高士其说："知识有如人体血液一样宝贵。人缺了血液，身体就会衰弱；人缺少知识，头脑就要枯竭。"

高尔基说："学习永远不晚。"

师旷是春秋时期晋国的乐师。他虽然是个双目失明的人，却依旧热爱学习，在音乐方面有很深的造诣。

有一天，晋平公问师旷："我已经70岁了，很想学习，恐怕已经太晚了吧？"师旷没有直接回答晋平公，而是反问道："既然晚了，您为什么不点起蜡烛呢？"晋平公听后，认为师旷答非所问，很气愤。师旷解释说："我这个瞎了眼的臣子哪里敢跟君王开玩笑呢？只是，我听人说过：'少年时代热爱学习，好像旭日东升，光芒万丈；壮年时代热爱学习，好像烈日当空，光焰夺目；到了老年，才下决心学习，那就好像晚上点起蜡烛'。"晋平公听了，点头称赞道："你说得真好！"

"子在川上曰：逝者如斯夫，不舍昼夜。"时光的流逝是任何人也无法改变的，在生活学习中不应为流逝的时光而白白地叹息，重要的是努力抓紧余下的时光。人生易老，青春难留，对于时间和年华要格外珍惜。做一个善于学习的人吧，也许求知是一个极为辛苦的过程，但也是一个极为享受的过程，这样不仅能增强你的自信，还可以让你在人生的道路上越走越宽广。

Chapter 4

伟业都由信心开始，
并由信心跨出第一步

一无行动的人，也就等于并不存在

著名励志大师拿破仑·希尔告诉我们：当你明确了自己真正要的是什么时，就停止空谈，付诸行动。说服自己足以成就某事，这是强而有力的起点，接着便发展健全的计划并付诸行动。

有一篇短文《把信送给加西亚》，全篇只有几百个字，但它却成为被翻译得最多的文章，全世界几乎所有的主要语言都曾翻译过它。美国的纽约中央车站将它印了150万份，免费送给路人。成功学始祖戴尔·卡耐基更是将它收入自己的成功学著作当中。也许有人会说，这一定是某位文学巨匠的世界名著，被推崇也不奇怪，但是这篇短文的作者却名不见经传。

日俄战争的时候，每一个俄国士兵身上都揣着这篇短文。日军从每个俄军俘虏身上都发现了它，这使他们确信这一定是件法宝，于是把它译成了日文。在天皇的命令下，日本政府的每位公务员、军人甚至是平民百姓，都得阅读这篇文章。

"在一切有关古巴的事情中，有一个人最让我忘不了。

当美西战争爆发后，美国必须立即跟西班牙反抗军首领加西亚取得联系。加西亚在古巴丛林的山里——没有人知道确切的地点，所以无法写信或打电话给他。但美国总统必须尽快与他联系上。

"怎么办呢？

"有人对总统说：'有一个名叫罗文的人，有办法找到加西亚，也只有他才找得到。'

"他们把罗文找来，交给他一封写给加西亚的信。关于那个叫罗文的人如何得了信，然后把它装进一个油质袋子里，封好，吊在胸口，划着一艘小船，四天以后的一个夜里，在古巴上岸，消失于丛林中，接着在三个星期之后，从古巴岛的那一边出来，徒步穿过危机四伏的丛林地带，把那封信交给加西亚——这些细节都不是我想说明的。我要强调的重点是麦金利总统把一封写给加西亚的信交给罗文，而罗文接过信之后，并没有问：'他在什么地方？''他是谁？''还活着吗？''为什么让我去？''我要怎样去？''为什么要找他？''如果信送到了，我会得到什么报酬？'

"没有无用的问题，没有挑剔的条件，更没有抱怨，只有行动，积极、坚决的行动！"

利希特说："只有行动赋予生命以力量。"罗文的行动为利希特的这句名言做了最好的注脚。只有你的行动，才能决定你的价值。

拿破仑说："想得好是聪明，计划得好是更聪明，而做得好是最聪明又最好。"

中学课本里有一篇古文——《蜀之鄙有二僧》。在四川的偏远地区有两个和尚，其中一个贫穷，一个富裕。穷和尚决定要到南海去，可是到南海路途遥远，交通极不方便，他又身无分文。但他没有被这些困难所困扰，他只有一个信念，我一定要到南海去。他把这件事对富和尚说了。

富和尚说："你凭借什么能到得了南海呢？"

穷和尚说："我只要一个水瓶、一个饭钵就足够了。"

富和尚说："这怎么可能。这么多年来，我一直想租条大船沿着长江而下，希望能到达南海，现在时机都还没有成熟，你只靠一个水瓶、一个饭钵就想去南海，简直是异想天开啊！"

两位和尚就此别过。富和尚仍然过着原来的生活，每日念经打坐，与佛友一起参禅。当有人问起穷和尚的时候，他总是笑着说："那个不自量力的人，现在还不知道会怎么样呢？"

第二年，穷和尚又来到富和尚面前。富和尚见他衣衫褴褛，神态却很安详。问道："你这是从哪儿来啊？"

"我刚从南海归来。"穷和尚答道。

富和尚顿时面露愧色。

　　人们经常用"思想的巨人，行动的矮子"来形容像富和尚这样的人。任何伟大的目标，伟大的计划，要想让它成为现实，最终必然还要落实到行动上。

　　某医院五官科诊室里同时来了两位鼻子不舒服的病人——汤姆和杰克。在等待化验结果期间，杰克说，如果是癌，立即去旅行，汤姆也如此表示。结果出来了，杰克得的是鼻癌，汤姆长的是鼻息肉。杰克留下了一张告别人生的计划表离开了医院，汤姆却住了下来。

　　杰克的计划是：去一趟埃及和希腊，以金字塔为背景拍一张照片，在希腊参观一下苏格拉底雕像；读完莎士比亚的所有作品；力争成为哈佛大学的一名学生；写一本书……凡此种种，共20条。

　　他在这生命的清单后面这样写道："我的一生有很多梦想，有的实现了，有的由于种种原因，没有实现。现在上帝给我的时间不多了，为了不遗憾地离开这个世界，我打算用生命的最后几年去实现剩下的20个愿望。"

　　杰克辞掉了公司的职务，去了埃及和希腊。

　　第二年，他又以惊人的毅力和韧性通过了自学考试，成为哈佛大学哲学系的一名学生。

　　有一天，汤姆在报上看到一篇关于生命的散文，于是想起了杰克。他打电话去询问杰克的病情。杰克说："我真的无法想象，要不是这场病，我的生命该是多么糟糕。是它提醒了我，去做自己想做的事，去实现自己想去实现的梦想。现在我才体味到什么是真正的生命和人生。"

有些人把梦想变成了现实，有些人把梦想带进了坟墓。故事中没说明汤姆现在生活得怎么样，这可以让读者自己去想象，也许他活得像杰克一样充实，一样充满希望，也许他仍旧在按部就班，原地踏步。生活不是守株待兔的遐想，不是消极地坐等成功，只有行动才能决定人生的价值。事实证明：那些成大事者都是善于行动的大师。

成功是一块无限大的面包，被别人切走了一块又一块没有关系，因为它是切不完的。你能不能拥有它并不在于别人切走了多少，关键在于你是否去切。你能否成功，与别人的成败毫无关系。只有自己想成功并付诸行动，才有成功的可能。

宋朝著名的禅师大慧门下有一个弟子名叫道歉。道歉跟随大慧参禅多年，仍无法开悟，他为此十分沮丧。一天晚上，道歉诚恳地向师兄宗元诉说自己不能悟道的苦恼，并求宗元帮忙。

宗元说："我能帮忙当然乐意之至，不过有三件事我无能为力，你必须自己去做！"

道歉忙问是哪三件。

宗元说："当你肚子饿了或口渴的时候，我的饮食不能填你的肚子，我不能帮你吃喝，你必须自己去做，这是其一；其二，当你想大小便时，你必须亲自解决，我一点也帮不上忙；其三，除了你自己之外，谁也不能驮着你的身子在路上走。"

道歉听罢，心扉豁然洞开，快乐无比，他感到了自我的力量。后来，他终于成为一名禅道的高僧。

成功，首先始于自愿自觉。当一个人失去生活的目的和意义，万念俱灰之时，这就是"无可救药"；当一个人动了念头，认了死理，哪怕上刀山下火海不达目的不罢休时，这就是"矢志不渝"。自己的事自己做。始于心动，成于行动。

坚定的行动，必然源于深刻的认识和觉悟。

古希腊著名的雄辩家德摩斯梯尼告诉人们雄辩术的首要三点：一是行动，二是行动，三仍然是行动。人有两种能力，一种是思维能力，另一种是行动能力。没有达到自己的目标往往不是因为思维能力，而是因为行动能力。想到就去做吧，积极地行动吧，从现在开始，从这一刻开始。

快速制订计划并迅速行动是一种修养

俗话说得好：好的开端是成功的一半。那么另一半呢，那就是快速的行动。在全球资讯快速发展的今天，人们周围的一切都被加速着，快速阅读、快速决策、快速行动，否则将很难在这种社会环境下生存下去，那些转瞬即逝的商机也很难眷顾于你。所以，要养成立刻行动的习惯，这样势必会让你受益终身。

在广阔的非洲大草原上，每天，当太阳升起来的时候，所有的动物都开始奔跑了。狮子妈妈对小狮子说："孩子，你必须跑得快一点，再快一点。你要连最慢的羚羊都跑不过，那么你就会活活地饿死。"

在草原的另一个角落，羚羊妈妈也在教育自己的孩子："孩子，你必须跑得快一点，再快一点。如果你不能比跑得最快的狮子还要快，那你就肯定会被它们吃掉。"

生物链决定了狮子和羚羊的关系，它们都在为了自己的命运奔跑。记住，你跑得快，别人跑得更快。在一个充满竞争的社会，强弱之势有时并不在大小，而在于速度。

中国武学中有句经典名言：天下武学，无坚不破，唯快不破。小李飞刀在兵器谱上的排名永远都是第一位，其实飞刀本身并没有什么奇特之处，甚至没有几个人曾亲眼看到它长得什么样子。那是因为在对手还没看清的时候，那把刀已经插在了他的心上。快，是最锋利的武器。

古代寓言里有一个关于时间的故事：

两个猎人一起去打猎，半路上遇到了一只大雁。于是两个人同时拉弓搭箭，准备把大雁射下来。就在这时，其中一个猎人突然说："我说伙计，我们把它射下来之后该怎么吃呢？是煮了吃，蒸了吃，还是炸了吃呢？"另外一个猎人说："当然是煮了吃，这样连汤都能喝。"那个猎人不同意："我说还是炸了吃好，煮的味道太淡了。"两个人各持己见，争来争去，互不相让，一直到最后也没有达成一致的意见。

这时，前面走过来一名樵夫，两个猎人急忙征求他的意见。樵夫听完后笑着说道："这很好办啊，你们只要一半拿来煮，一半拿来炸就可以了。"两个猎人都觉得这是个两全其美的好主意，他们感谢了樵夫。可正当他们再次拉弓搭箭准备射落大雁的时候，一抬头，天空中的大雁早已没有踪影，它早在两个猎人争论应该怎么吃它的时候飞走了。

没有了猎杀的过程哪来怎么吃的结果，没有了快速的行动当然就没有了成功的可能。

快速制订计划是前提，而迅速的行动才是检验计划和实施计划的根本。快速行动的修养应该是每个人必备的心理素质。

甲、乙、丙3个人都在合资企业做白领。甲一天到晚总觉得自己满腔抱负没有得到上级的赏识，经常想：如果有一天能见到老总，有机会展示一下自己的才干就好了！可他只是偶尔这样想想而已。乙其实也有同样的想法，但他则进了一步，向老板的秘书打听了老板上下班的时间，算好老板大概会出现在电梯里的时间，然后他也想在这个时候去坐电梯，希望能遇到老板，有机会可以打个招呼。可他也只是计划着而已，从来都不曾真的去做。丙则不同了，他详细了解了老板的奋斗历程，弄清了老板毕业的学校，以及对老板的人际风格、关心的问题都做了详细的调查。然后，他精心设计了几句简单却有分量的开场白，在算好的时间去乘坐了电梯。跟老板打过几次招呼后，终于有机会跟老板长谈了一次，不久之后他就被委派到一个更好的职位上去了。而他的同事甲和乙却还沉浸在自己的构想之中原地踏步。

不善行动的人错失机会，善于行动的人抓住机会，同时也能创造机会。人们常说，机会只给有准备的人。这"准备"二字，并非说说而已，而是要真正行动起来。就像鸭子一样，人们看到鸭子在水面上镇定自若，骄傲地仰着头，快乐又迅速地游走，显得自信而惬意。其实，它们在水面下的两只脚却在不停地做运动，这是人们没有看到甚至忽略掉的。正是水下不停地运动才使得鸭子能够自信地在水面游走。这就是著名的"水鸭子理论"。一方面骄傲地自信着，一方面永不停息地努力着，骄傲的自信加上永不停息的努力就代表着成功。

一次快速行动只能保证一次成功，不停地快速行动才能保证一系列的成功。

行动重于语言，而机会只留给能够快速行动的人。

人的每一步行动都在书写自己的历史

"知识就是力量"是一句耳熟能详的话，对于我们来说，知识的重要性是毋庸置疑的。可是，从某种程度上来说，知识只能算是是静态的力量。书本上的东西往往会瑕瑜互见，在学习中如果你不辨真伪，不能把知识与实际相结合，那么再好的知识也就成为一堆废物。只有把静态的知识与实践结合起来，才能将其变成能力和素质，这样的知识才是真正的力量，才能在你的生活中发生作用，否则你就会像"纸上谈兵"的赵括一样毫无建树。

公元前262年，秦国与赵国因争夺上党郡而开战。赵孝成王派军队接收了上党，过了两年，秦国又派王龁围住上党。

赵孝成王听到消息，连忙派廉颇率领20多万大军去救上党，不过他们才到长平，上党已经被王龁攻占了。王龁还想向长平进攻。廉颇连忙守住阵地，叫兵士们修筑堡垒，深挖壕沟，跟远来的秦军对峙，准备做长期抵抗的打算。王龁几次三番向赵军挑战，廉颇说什么也不跟他们交战。王龁想不出什么法子，只好派人回报秦昭王，说："廉颇是个富有经验的老将，不肯轻易出来交战。我军老远到这儿，长此下去，就怕粮草接济不上，怎么办好呢？"

秦昭王请范雎出主意。范雎说："要打败赵国，必须先叫赵国把廉颇调回去。"

秦昭王说："这哪儿办得到呢？"

范雎说："让我来想办法。"

过了几天，赵孝成王听到左右纷纷议论，说："秦国就是怕让年轻力强的赵括带兵，廉颇不中用，眼看就快投降啦！"他们所说的赵括，是赵国名将赵奢的儿子。赵括小时爱学兵法，谈起用兵的道理来，头头是道，自以为天下无敌，连他父亲也不在他眼里。

赵王听信了左右的议论，立刻把赵括找来，问他能不能打退秦军。赵括说："要是秦国派白起来，我还得考虑对付一下。如今来的是王龁，他不过是廉颇的对手。要是换上我，打败他不在话下。"

赵王听了很高兴，就拜赵括为大将，去接替廉颇。

蔺相如对赵王说："赵括只懂得读父亲的兵书，不会临阵应变，不能派他做大将。"可是赵王对蔺相如的劝告听不进去。赵括的母亲也向赵王上了一道奏章，请求赵王别派他儿子去。赵王把她召了来，问她什么理由。赵母说："他父亲临终的时候再三嘱咐我说，'赵括这孩子把用兵打仗看作儿戏似的，谈起兵法来，就眼空四海，目中无人。将来大王不用他还好，如果用他为大将的话，只怕赵军会断送在他手里。'所以我请求大王千万别让他当大将。"

赵王说："我已经决定了，你就别管啦。"

公元前260年，赵括统率着40万大军，声势十分浩大。他把廉颇规定的一套制度全部废除，下了命令说："秦国再来挑战，必须迎头打回去。敌人打败了，就得追下去，不杀得他们片甲不留不算完。"

那边范雎得到赵括替换廉颇的消息，知道自己的反间计成功，就秘密派白起为上将军，去指挥秦军。白起一到长平，布置好埋伏，故意打了几阵败仗。赵括不知是计，拼命追赶。白起把赵军引到预先埋伏好的地区，派出精兵25000人，切断赵军的后路；另派5000名骑兵，直冲赵军大营，把40万赵军切成两段。赵括这才知道秦军的厉害，只好筑起营垒坚守，等待救兵。秦国又发兵把赵国救兵和运粮的道路切断了。

赵括的军队，内无粮草，外无救兵，守了40多天，兵士都叫苦连天，无心作战。赵括带兵想冲出重围，秦军万箭齐发，把赵括射死了。赵军听到主将被杀，也纷纷扔了武器投降。40万赵军，就在纸上谈兵的主帅赵括手里全部覆没了。

人们都知道事在人为的道理，但是一旦真的要付诸行动，仍然不免犹豫不决，瞻前顾后。有一种理论说，怕行动，就是不愿付出，因为人都有自私的天性，所以不去行动的原因是出于自我保护的本能。

所以，与其说行动是一种能力，还不如说是一种勇气。行动的障碍只有行动才能解决。

车尔尼雪夫斯基说过："实践是个伟大的揭发者，它暴露一切的欺人和自欺。"

达尔文也说过："一项发现如果能使人感到激动，那么真理就能成为他终生珍惜的个人信念。"当你的知识是用亲身感知而得来时，最容易引起心灵的震撼，也最容易把知识内化于心，长久发挥巨大的作用。而从实践中所学的知识，就能引发这种激动。

海明威是美国著名的小说家，他之所以能写出那么多流传后世的名著，取得事业上的成功，除了深厚的文学修养之外，还在于他的积极行动。海明威一生行万里路，足迹踏遍了亚、非、欧、美各洲，他的文章的大部分背景都是他曾经去过的地方。

可是很少有人知道，小时候的海明威很爱空想，曾一度沉迷在自我想象的空间内不能自拔，直到有一天听到父亲讲了那样一个故事：

有一个人向一位思想家请教："想成为一位伟大的思想家

关键是什么？"思想家告诉他："多思多想！"

这人听了思想家的话，仿佛很有收获。回家后躺在床上，望着天花板，一动不动地开始"多思多想"。

一个月后，这人的妻子跑来找思想家："求您去看看我丈夫吧，他从您这儿回去后，就像中了魔一样。"

思想家来到那人家中一看，只见那人已变得形销骨立。他挣扎着爬起来问思想家："我每天除了吃饭，一直在思考，你看我离伟大的思想家还有多远？"

思想家问："你整天只想不做，那你思考了些什么呢？"

那人道："想的东西太多，头脑都快装不下了。"

"我看你除了脑袋上长满了头发，其余收获的全是垃圾。"

"垃圾？"

"只想不做的人只能生产思想垃圾。"思想家答道。

"空想家"存在于现实生活的每个空间，他们经常为自己脑子里那些不切实际的想法所感染，却从未真正地去实践过它们。这样的人，只会为世界平添混乱，自己一无所获，更加不会创造任何的价值。

在父亲的教导下，海明威有了自己的行动哲学。他曾说："没有行动，我有时感觉十分痛苦，简直痛不欲生。"正因为如此，他的作品中几乎看不到"我痛苦""我失望"之类的字眼，取而代之的通常是"喝酒去""钓鱼吧"这样的行动。

　　"读万卷书，行万里路。"这是千百年来的学者一直向往的学习方式。杰出的地理学家徐霞客就从亲身游历和实地考察中，获得了大量书本上没有的东西，并且有了很多新的发现，敢于否定书本上已有的定论，提出自己的科学论断。徐霞客从22岁出游，30年间足迹遍及16个省区，以坚韧不拔的毅力，越过千山万水，克服千难万险，对祖国的山川源流、地形地貌、岩石洞壑、动物植物及民情风俗等，做了大量调查和观察，给后世留下了珍贵的地理资料和知识。

　　拥有知识的人通常是充满自信的，而把知识与实践行动结合起来不仅是拥有自信，还能将自信变为一支利箭，用它能穿透成功路上的一切障碍。

只有孤注一掷，方能涅槃重生

中国有句俗语说得好："舍不得孩子套不住狼。"当然，这里的孩子并不是指真的小孩，而是人穿的鞋子。因为这句话是从四川方言转化而来的，四川话里"孩"和"鞋"的音是一样的，意思就是想要抓住狼，就得翻山越岭地去追捕它们，磨破多少双鞋也要在所不惜。还有一句成语，说得也是这个意思，"不入虎穴，焉得虎子"。

汉明帝时，班超奉皇命带领36个人出使西域的鄯善国，谋求建立两国之间的友好邦交关系。刚到鄯善国时，该国对汉朝使团"礼敬甚备"，十分恭敬殷勤。但几天之后，他们的态度突然变了，变得越来越冷漠。班超警觉起来，他通过诈问侍者得知，原来是匈奴的一个130多人的使团于前几日到来，而且他们正在暗中加紧活动，向鄯善国王施压，欲把鄯善国拉向北方。

形势十分严峻。班超对大家说："现在匈奴使团才来几天，鄯善国王就对我们逐渐疏远了，倘若再过几天，匈奴把他彻底拉过去，说不定会把我们抓起来送给匈奴讨好。到那时，我们不但完不成使命，恐怕连性命也难保！怎么办？"

"生死关头，一切全听您的。"随从们态度坚定，但也表示出担心，"我们毕竟只有三十几个人，而匈奴使团比我们多100人，这该怎么办呢？"

班超斩钉截铁地说：

"不入虎穴，焉得虎子。今天夜里就行动，以迅雷不及掩耳之势，一举消灭匈奴使团！唯其如此，才有可能使鄯善国王诚心归顺我们汉朝。"

当天深夜，班超带领着这36人，借着夜色掩护，悄悄摸到匈奴人驻地，对130多人的匈奴使团——四倍于自己的敌人，毅然发动了火袭，并一举歼灭了他们。

第二天早晨，班超捧着匈奴使者的头去见鄯善国王，国王大惊失色。

匈奴使者被杀，鄯善国王已经不可能再和匈奴人议和，于是只好同意和汉朝永久修好。

班超敢于冒险、当机立断、马上行动的忠勇与胆略，也随着"不入虎穴，焉得虎子"这一句名言而名垂青史，为世人所传诵。

没有冒险精神，绝对与成功无缘，当风险与机遇并存的时候，那些勇敢的人已经冒着风险行动了，当你看明白了，也许这个机会已经没有了。

英国批评家斯特顿曾说过这样一段话："我是不相信命运的。行动者，无论他们怎样去行动，我都不信他们会遇到注定的命运；而如果他们不行动，我倒确信他们的命运是注定的。"

行动必然冒着风险，而且目标越大，风险也就越大。其实，生活本身就是一次探险，如果不主动地迎接风险挑战，就只有被动地等待风险降临。勇于冒险求胜，才能充分发挥潜能，做出的事比你想象中的更出色。

高尔基曾说："把语言化为行动，比把行动化为语言困难得多。"

拿破仑在自传中曾说过："在阿科纳，我以25名骑兵赢得了胜利。那是因为我抓住了敌军丧失斗志的时机，给我的这些骑兵每人一支喇叭，让他们使劲吹号。两军对垒犹如二人对阵，彼此都企图从气势上压倒对方。敌军出现了一时的恐慌，我抓住了有利时机冲了过去。"拿破仑还说，他之所以能打败奥地利人，是因为奥地利人从不懂得时间的价值。在他们还在磨磨蹭蹭的时候，他就以迅雷不及掩耳之势征服了他们。

拿破仑成功的关键在哪里？在于他立即的行动力。

果断的决策和敏捷的行动，方能显出你的自信，创造你的成功。

每天持续地努力，不要间断。就如人走路，不怕慢，只怕站。只要持之以恒，每天努力一点，定会水滴石穿。

坚定自信，克服内心的恐惧

恐惧能毁灭人的自信，使人变得优柔寡断。恐惧还会让人动摇自信心，不敢从事任何工作，并使人们犹豫不决，恐惧是人能力上的一个大漏洞。话又说回来，其实恐惧也只是一种心理想象，是一个幻想中的怪物，一旦你认识到这一点，你的恐惧感就会消失。如果你的见识广博到足以明了没有任何臆想的东西能伤害到你，那你就不会再感到恐惧了。

作为一名毕业于西点军校的高才生，美国著名学者本杰明·尤厄尔曾说过："失败的原因往往不是能力低下，力量薄弱，而是信心不足，还没有上场，就败下阵来。"下面是他讲的有关西点军校校训的故事：

西点军校的一位教官、心理学家卡尔做了一个实验。

首先，他让10名学员穿过一间黑暗的房子，房子里没有一丝灯光，可在他的引导下，这10个人都成功地穿了过去。

然后，教授打开了房内的一盏灯。在昏黄的灯光下，学员们看清了房子内的一切，都惊出了一身冷汗。在这间房子的地面有一个大水池，水池里有十几条大鳄鱼，正张着大嘴对着他们。水池上方搭着一座窄窄的小木桥，刚才他们就是从小木桥上走过去的。

这时教授问道："现在，你们当中还有谁愿意再次穿过这间房子呢？"没有人回答。

过了很久，有3个胆大的学员站了出来。

其中一个小心翼翼地走了过去，速度比第一次慢了许多；另一个颤巍巍地踏上小木桥，走到一半时，竟趴在小桥上爬了过去；第三个刚走几步就一下子趴下了，再也不敢向前移动半步。

心理学家又打开房内的另外9盏灯，房间里顿时灯火通明。这时，学员们才看见在大水池上面装着一张安全网，鳄鱼是根本爬不出来的，只是由于网线颜色极浅，刚才灯光昏暗他们根本没有看见。

"现在，有谁愿意再走过这座小木桥呢？"教授问道。这次又有5个学员站了出来。

"你们为何不愿意呢？"心理学家问剩下的两个人。"这张安全网牢固吗？"这两个人异口同声地反问。

心理学家告诉学员们："积极乐观的心态能够让你战胜恐惧，成功地通过这座小木桥。"西点军校校训：要战胜恐惧，而不是退缩。西点军校的学员都懂得，当你相信自己能作出最好的成绩时，你不仅会发现自信提高，而且会发现自信有助于你的表现。

在西点军校的课堂上，另一位教官说："在你停止尝试的时候，那就是你完全失败的时候。"欠缺自信的人，将终日和恐惧结伴为邻。而越是被恐惧的乌云所笼罩，自我肯定的机会也就越是渺茫。西点军校校训：现实中的恐惧，远比不上想象中的恐惧那么可怕。

在现实生活中，若将"恐惧"置之不顾，而任其生长的话，那么恐惧的阴影就会越长越大；你越是想逃避，它越是如影随形。英国小说家丹尼尔·笛福说过："对危险的惧怕要比危险本身可怕。"西点军校前校长丹尼尔·克里斯曼中将说："处于现今这个时代，如果说'做不到'，你将经常站在失败的一边。"

中国古时候有个非常胆小的人叫陆念先。他平时有三怕：怕鬼，怕水，怕狗。

夜里睡觉时，他一定要找人陪伴或者与他人把床连在一起，否则就不敢睡觉。他出门时如是短途决不乘船，若是遇上长途旅行，迫不得已坐船的话，他就会在上船后马上喝醉酒，然后倒头便睡。在行船时如果有人将他拉到舱外，他就会被吓得半死。在街上行走的时候，他要是遇见狗，他就会马上躲到别人的身后，没有人的话他会吓得撒腿就跑。只要听见狗叫，他就会被吓得浑身哆嗦。

一日，他去朋友家串门，朋友家院里养着仙鹤，刚巧门旁又没有仆人，胆小的陆念先就站在门后探头探脑地看着却不敢走进院子。他站了好久，后来朋友出来后看他站在门外感到很奇怪。待弄清了事情的缘由后，朋友就问他："先生视鹤如狗，就不怕天下人耻笑？"

现实生活中有太多像陆念先这样的人，他们害怕的其实不是某样具体的事物，而是因为他们懦弱、不自信的心理在作怪。很多时候，那些看似危险的东西，只要你能够自信坦然地去面对，仔细地去分析，有条有理地去处理，其实都可以轻松地加以解决。

众所周知，鲨鱼位于海底世界食物链的最顶端，它的攻击性极强，算得上海底世界的霸王。如果你看过根据骨骼化石复原的鲨鱼的祖先的样子，你会发现，经过几十万年的演化，鲨鱼的模样几乎没怎么变过，这是因为它不用为了适应环境而去改变多少，从另一个侧面也反映了它的强大。无论对方有多么强大，鲨鱼都不会退缩，而只知道勇猛向前发起攻击，就连鲸那样的庞然大物也常常遭到鲨鱼的袭击。一般情况下，人在海里只要被鲨鱼发现，极少有逃生的希望。

但是，科学家罗福特在对鲨鱼进行研究的过程中，发现了非常奇妙的一点。由于工作的需要，他经常穿着潜水衣游到鲨鱼的身边，然而奇怪的是鲨鱼并没有对他发动攻击。罗福特通过大量的研究及实地观察得出结论：鲨鱼其实并不可怕，只要人在面对它时保持镇定的心态，它几乎从不主动向人发出攻击。可是，当人遇到鲨鱼时，如果不由自主地害怕，那么因害怕引起的紧张感，使人的心跳加速，这才是最致命的。因为，人的心脏剧烈跳动时会在水中产生感应，而鲨鱼正是根据这种极微弱的感应波才发现猎物的。因此，当遇到鲨鱼时，如果你能够平心静气如常，毫不惊慌失措，那么鲨鱼一般就不会对你构成任何威胁。甚至于它不小心接触到了你的身体，也会视而不见，然后从你的身边游走的。

再凶残的动物也有它自身的弱点，再大的困难也有解决的办法。关键是你不能让想象中的困难把自己困住，从而导致还没有开始采取行动就丧失了自信。

勇敢的思想和坚定的信心再加上幽默感是治疗恐惧的特效良药，它们能够中和恐惧思想。事实上，恐惧是存在于每一个人的思想中的，有很多非常有成就的人像平常人那样，遇到某些情况也会感到恐惧和不安，不同的是，他们能够想出一套有效的办法来克服它。

诺曼·考辛斯是加利福尼亚大学洛杉矶分校医学院神经病学与生物行为学系的副教授。多年来，他一直是美国著名文学杂志《星期六评论》的编辑，还写过《人类的抉择》等

15本书。

1954年，考辛斯39岁，为了进行人寿保险而去检查身体时，心电图表明他有冠状动脉阻塞的迹象。保险公司拒绝为他保险，医生告诉他只能再活1年半，而且还得放弃工作和体育活动，成天呆坐不动才行。考辛斯不愿意改变他原来那种积极活跃的生活方式，他决定以锻炼来保持心脏健康，决心为了生存下去另辟新路。就这样，他以坚定不移的希望和决心，否定了医生的预言。这些年来，他坚持治疗的自我处方就是：维生素C加上积极的想法、快乐、信心、幽默和希望。

7年后，他还活着。但不幸的是又得了一种致命的病——僵直性脊椎炎。他又开始搞了一个大胆的自我治疗程序：大量服用维生素C和自我实行"幽默疗法"。他每天看滑稽电影和幽默读物。他后来说："我高兴地发现，10分钟真正的捧腹大笑能起到一种麻醉作用，至少能让我有两个小时摆脱疼痛睡上一觉。"

1981年，考辛斯第三次和死神较量。当时他心脏病发作了。他深知在紧急情况下惊慌是足以致命的，所以他告诉自己：首要的是情绪别激动，要平静，相信自己能坚持下去，一切都会好的。

考辛斯说："消极的力量，如紧张、压力等都会使身体衰弱，而积极的力量，如快乐、爱情、信念、欢笑、希望等都能起到相反的作用。没人能断言我们战胜自身消极情绪的能力会不会引起我们身体内部生物化学的积极变化。我们能够安排自己的生活，去求得生存。"

当你身处困境时，应该更乐观、更加充满希望，只有这样才能消除心中的恐惧，平静地面对困难。

不难看出，恐惧虽然阻碍着人们力量的发挥和生活质量的提高，但它并不是不可战胜的。只要能够积极地行动起来，在行动中有意识地纠正自己的恐惧心理，那它就不会再成为你前进的障碍。

成功的大敌是犹豫不决、疑惑及恐惧。虽然绝大部分的恐惧没有存在的基础，但它却成为人类情绪中代价最昂贵的东西。当你被疑惑缠身时，你就会变得优柔寡断。犹豫又是恐惧的种子，它会与疑惑结合，又生出新的恐惧。这些"成功的敌人"是非常危险的，因为它们的缓缓滋长让你无从察觉。

你一定要以绝对性的力量消除这些不良的影响，以积极的心态和坚定的自信取而代之。控制你的思想，就可以控制恐惧。

克服恐惧，会增添你面对未来的信心；即使行动失败，也会让你收获宝贵的经验和教训。

人生的伟业不在于能知，而在于能行

拿破仑·希尔告诉人们：计划通常是不完善的。如果你对目标有清晰的观察力，你的计划也有弹性，并足以应付突发的阻碍或从偶发的机会中得利，那么一分钟也别拖延，立即付诸行动——就算你日后再做修正——这将使你集中心力，朝目标迈进。"立即行动"，这是一个成功者的格言，只有"立即行动"才能将人们从拖延的恶习中拯救出来。

美国成功学的奠基人奥里森·马登博士曾在《一生的资本》一书中说过："每个人在自己的一生中，都有着种种的憧憬、种种的理想、种种的计划，如果人们能够将这一切的憧憬、理想与计划，迅速地加以执行，那么在事业上的成就不知道会有怎样的伟大。然而，人们往往有了好的计划后，不去迅速地执行，而是一味地拖延，以致让一开始充满热情的事情冷淡下去，使幻想逐渐消失，使计划最后破灭。"

中国有一个民间故事，正是拖延带来的后果的真实写照。

传说有一只寒号鸟，山脚下有一堵石崖，崖上有一道缝，寒号鸟就把这道缝当作自己的窝。石崖前面有一条河，河边有一棵大杨树，杨树上住着喜鹊。寒号鸟和喜鹊面对面住着，成了邻居。

几阵秋风，树叶落尽，冬天快要到了。鸟儿们都各自忙开了，它们有的开始结伴飞到南方，准备在那里度过温暖的冬天；有的留下来，整天辛勤忙碌，积聚食物，修理窝巢，做好过冬的准备工作。只有寒号鸟仍然在整日东游西荡着，它怕累所以不想到南方去，又懒惰不愿辛苦劳动。

有一天，天气晴朗。喜鹊一早飞出去，东寻西找，衔回来一些树枝，开始低头忙着垒巢，准备过冬。寒号鸟却还在睡懒觉。喜鹊对它说："寒号鸟，别睡了，天气这么好，赶快垒窝吧。"寒号鸟不听劝告，躺在崖缝里对喜鹊说："你不要吵，太阳这么好，正好睡觉。"

冬天说到就到了，寒风呼呼地刮着。喜鹊住在温暖的窝里，寒号鸟只能在崖缝里冻得直打哆嗦，它悲哀地叫着："哆啰啰，哆啰啰，寒风冻死我，明天就垒窝。"

第二天清早，风停了，太阳又变得暖烘烘的了。喜鹊又对寒号鸟说："趁着天气好，赶快垒窝吧。"寒号鸟早忘记了昨夜的寒冷，伸伸懒腰，又睡觉了。就这样，寒号鸟每到夜晚寒冷到来时就发誓第二天一定垒窝，可一觉醒来就全抛在脑后了。

寒冬腊月，大雪纷飞，漫山遍野一片白色。北风像狮子一样狂吼，河里的水结了冰，崖缝里冷得像冰窖。就在这严寒的夜里，喜鹊在温暖的窝里熟睡，寒号鸟却发出最后的哀号："哆啰啰，哆啰啰，寒风冻死我，明天就垒窝。"

天亮了，阳光普照大地。喜鹊在枝头呼唤邻居寒号鸟。可是，可怜的寒号鸟早已在半夜里冻死了。

希腊神话告诉人们，智慧女神雅典娜是在某一天突然从丘比特的头脑中一跃而出的，跃出之时雅典娜衣冠整齐，丝毫没有凌乱的现象。同样，某种高尚的理想、有效的思想、宏伟的幻想，也是在某一瞬间从一个人的头脑中猛然跃出的，这些想法刚出现的时候也是很完整的。但有着拖延恶习的人迟迟不去执行，不去使之实现，而是留待将来再去做。其实，这些人都是缺乏意志力的弱者。而那些有能力并且意志坚强的人，往往乘着热情最高的时候就去把理想付诸实施。

爱迪生发明电灯的灵感来自朋友的婚礼上。有一天，爱迪生去参加一位朋友的婚礼，当时观礼的人们都坐在教堂里等待新郎新娘的出现。过了一会儿，婚礼进行曲奏响了，新郎新娘出现在了门口，正当大家要为他们祝贺的时候，这时突然有一个人从教堂中急急忙忙地冲了出去，这个人就是爱迪生，他还没来得及说一句祝福的话。当时，爱迪生一口气冲回了实验室，46天之后，电灯诞生了。因为想到就做，没有片刻的拖延，爱迪生那一闪念的灵感，照亮了人类的漫漫长夜。

当灵感在艺术家脑中突然闪现的时候，这时候如果能将它在第一时间迅速地记录下来，那它便价值千金；如果，稍稍耽误了一点时间，它将一文不值。

拖延的习惯往往会妨碍人们的前行，因为它会消灭人的创造力。在对一件事情有热情的时候尽量去完成它，那样你会得到意想不到的好结果；相反在热情消失后再去做，你会觉得那是一种折磨，一种痛苦，而且做成功的机会也会很小。

有人曾问过希尔顿饭店的创始人康德拉·希尔顿这样一个问题："您是什么时候知道自己将会成功的？"希尔顿说："当我还穷困潦倒得必须睡在公园的长板凳上的时候，就已经知道自己今后会成功了。因为我知道，一旦一个人下定决心要功成名就的时候，就表示他已经向成功迈出了第一步。"

决心，就是想好了立即去做，马上执行！决不拖延！美国哈佛大学人才学家哈里克说："世界上有93%的人都因拖延的陋习而一事无成，这是因为拖延能够杀伤人的积极性！"

美国独立战争期间，曲仑登的司令雷尔叫人送信通知恺撒大将，华盛顿已经率领军队渡过特拉华河，提醒他要加倍提防。但当信使把信送给恺撒时，他正在和朋友们玩牌，并没有意识到问题的严重性。于是他把那封信放在自己的衣袋里，想等玩完牌后再去看。而就在他还在玩牌的当口，华盛顿已经率军赶到，恺撒和他的军队被美军全歼。就是因为几分钟迟延，恺撒大将竟然失去了他的荣誉、自由，甚至生命——这就是拖延造成的悲惨结局。

机会出现在人们眼前时，必须立即把握，当机立断，千万别犹豫不决，不知所措，否则不但误了自己，还会殃及他人！

命运常常是奇特的，好的机会往往稍纵即逝，有如昙花一现。如果当时不善加利用，错过之后就后悔莫及。

《淮南子·说林训》中有这样一句话："临河而羡鱼，不如归家织网。"所以，想要获得成功，就别在那儿白白空想而拖延时间了，赶快行动吧，回家去织一张结结实实的大网，你将会捕捞到更加充实、更加成功的人生！

哥伦布发现新大陆靠的是信念，绝不是航海图

你想成功的话，一定要强化你的成功信念，失败的字眼永远跟你诀别。行动是成功唯一必由之路，而且也只有这条路让你可走，你不走，你就不成功。

2001年4月19日，一位74岁的瑞典老人来到北京。他坐的是经济舱，看上去精力充沛，背着一个毫不起眼的布口袋，走得很快，没有任何人陪同。这个看似不起眼的人就是创立了宜家的亿万富翁——英格瓦·坎普拉德。这位退休的瑞典首富最喜欢独自一人在全世界的宜家家居店里转来转去，此次是他第一次来到北京。

遥想1999年1月13日，北京"宜家"开张时盛况空前。人们对当时的情景记忆犹新："离宜家一站多远的街边，停满了桑塔纳和富康，惊奇的顾客拥挤在每一件商品前啧啧称赞，小心地斟酌着该如何花出手中的人民币。"在两个星期内，热情的北京人把宜家货架上的商品抢购一空，有人在7天里去了6次。

有外刊称，这是"北京中产阶层"的一次集体出动。可以说，它引起了巨大的轰动，直到今天，宜家依然是许多年轻人、中年人首选家具的地方。当然，这种情况并不止发生在过去，事实上，在坎普拉德的努力下，今天的宜家是全球最大的家具零售公司了。

英格瓦的祖父是个农场主，因经营不善而开枪自杀。父亲也不怎么会经营。但英格瓦从小就有做生意的天分。

5岁那年，英格瓦曾代人卖掉一批火柴，赚了少量的钱。好长一段时间里，他骑着自行车向邻居销售火柴。他发现从斯德哥尔摩批量购买火柴可以拿到很便宜的价格，然后再以很低的价格进行零售，从中仍能赚到不小的利润。

他的生意范围不断扩大，他卖过圣诞卡，他还骑着自行车到处兜售自己抓来的鱼。11岁那年，他做成了一笔大买卖，他卖掉了一批花种。他用赚来的钱买了赛车和打字机，从那以后，他简直是迷上了销售这个行当。他曾用父亲给的钱和银行汇票去进货，卖掉500支巴黎钢笔。他上高中时，床底下放了一个纸箱，里面塞满了他的"货物"：皮带、皮夹子、手表、钢笔……

1943年，英格瓦已经17岁了，父亲送给他一份特殊的毕业礼物，帮助他创建自己的公司。就这样，宜家（IKEA）诞生了，"I"代表英格瓦，"K"代表坎普拉德，"E"代表艾姆赫特，"A"是自己所在村庄的名字——阿根纳瑞德。

宜家起初销售钢笔、皮夹子、画框、装饰性桌布、手表、珠宝以及尼龙袜等。只要英格瓦能够想到的低价格产品，他就去经营。对这个17岁小伙子开的公司，谁都没在意，只是把它当成了一个玩意儿，但让所有人出乎意料的是，后来的宜家竟成了全球知名企业。

虽然公司成立了，但英格瓦在实践中意识到自己经验的缺乏，他决心去商学院上学，进一步深造，他从此懂得：要成为一个出色的生意人，首先必须用最简捷也最廉价的办法把商品送到顾客手里。这成为他最基本的营销观念。读书时的英格瓦也没闲着。他到学院图书馆刊登着进出口广告的商业报纸，选定了一个对象，就用蹩脚的英语给那个外国制造商写信。结果，他成了那种钢笔的瑞典总代理。为了实现他当初简捷廉价的想法，他决定直接进口，因为这样才可能获得最低价位。

但这些对于英格瓦而言都只是牛刀小试，他想做的是更大的事业，英格瓦把眼光投向了家具行业。因为那时的瑞典，正处于经济迅速发展时期，农村人口迅速减少，城市却在不断增多和扩大，并向郊区辐射发展。年轻人迫切需要找地方住下来，人们需要尽可能便宜地装修新房子。瑞典政府对人们使用家具提出的建议是：既要方便生活，又要有利于健康。英格瓦的"宜家"可谓应运而生。

在不过几十年的时间里，宜家迅速地成长为一个家具巨头，面对人们的好奇，英格瓦只是笑而不答，或者在他的著作《一个家具商的誓约》中，我们可以了解得更多，在书中总结的几点中，让人印象深刻的是第一点和第二点：（一）产品开发——身份的体现（低价供应大范围的设计优美、功能齐全的家具用品，保证尽可能多的人能够负担得起）；（二）宜家精神（其建立的基础在于热情投入，一种不断求新求变的愿望，节俭的习惯、责任感、对待任务的谦逊态度以及简单的风格）。而对于这份誓约，英格瓦更是身体力行。

5 / *Chapter 5*

深窥自己的心，
发觉自己是奇迹的根源

精神里有什么，就会放射什么

一个人的本质是精神，最重要的是自己的内心，内心世界就是人们精神生活的载体。

精神里有黑暗，就会放射黑暗；精神里有阳光，就会放射阳光。

这是人的至性至情，有什么样的内心，就有什么样的人。本质决定现象的说法，内容决定形式的说法，都是同一含义的哲学表述。

改变内心，就能改变人的一切，影响内心，也就能影响人的一切。同样，思维的根蒂也是精神实体。"脑"与"心"向来是互存的。纯粹思维本身并不独立存在，在人身上，它也是一种精神存在物，只有通过内在精神的作用，思维才能展开飞翔的翅膀。因此，不触及人的内心世界，也就无法探知人的精神本体，便同样不能触及人的思维本质。

我们每个人都拥有若干种能力。比如在很多事情上，你都有自信、勇气、冲动，或者是冷静、轻松、悠然，或者是坚定、决心，也或者是创造力、幽默感，更或者是敢冒险、灵活、随机应变……所有这些能力，细想一下，你会发觉都是一份感觉，一份内心的感觉。即使有知识、技能和其他的资源去助你，使用这些资源的原动力，仍是这份内心的感觉。没有这份感觉，一个人即使具备了这些资源也不会去用，或者用不好。

这只能告诉我们一个事实，一个人最重要的是自己的内心。有了良好的心态，就能够冲破一切阻力和障碍，不管它们来自自然环境，还是你周围的人。事实上，一个人拥有充实的内心世界他就能够克服所有的缺憾，自觉地找到自己的人生归宿，也只有注重自己内心生活的人才能够走上幸福之路。下面的一则故事非常感人地告诉人们：一个人最重要的是自己的内心，心与心的交流才会强烈地震撼人的灵魂。

星期天的早晨，迈克洗漱完以后，把衣服穿得整整齐齐，急忙赶往教堂做礼拜。牧师开始祈祷了，迈克正要低头闭上眼睛，却感觉到邻座先生的鞋子轻轻碰了一下他的鞋子，迈克心中一阵不快，他想：邻座先生那边有很大的空间，怎么我们的鞋子会碰在一起呢？而邻座先生似乎一点儿也没有觉察到。

"我们的父……"祈祷开始了，牧师刚开了头。迈克心里无法平静，又在想：这个人真不自觉，鞋子又脏又旧，鞋帮上还有一个破洞。

牧师继续在祈祷着，"谢谢你的祝福！"邻座先生低声地说了一声："阿门！"迈克尽力静下心来祷告，但思绪还是无法平静下来。他又想：我们上教堂为什么不以最好的面貌出现呢？他看了一眼地板上邻座先生的鞋子想，邻座的这位先生肯定不是这样。

祷告结束了，人们欢快地唱起了赞美诗，邻座先生也非常自豪地高声歌唱，还情不自禁地高举双手。迈克想，主在天上肯定能听到他的声音。在奉献时，迈克小心地放进了自己的支票。邻座先生把手伸到自己的口袋里，摸了半天才摸出了几个硬币，"叮啷啷"放进了盘子里。

牧师的祷告词深深地触动着迈克的心，邻座先生也被感动了，因为迈克看见他流泪了。礼拜结束后，大家还是像往常一样欢迎新朋友，以让他们感到温暖。迈克心里有一种要认识邻座先生的冲动。他转过身子握住了邻座先生的手，感谢他来到教堂。邻座先生激动得热泪盈眶，说道："我来这里已经有几个月了，你是第一个和我打招呼的人。我知道，我看起来和别人不一样，但我每次都想以最好的形象出现在这里。星期天一大早我就起来了，先是擦干净鞋子、打上油，然后走了一段很长的路，等我来到这里的时候鞋子已经又脏又破了。"知道了这种情况，迈克心里非常感动。

邻座先生接着又向迈克道歉说："我坐得离你很近。当你来到这儿时，我知道我应该先看你一眼，再向你问好。但是我想，当我们的鞋子相碰时，也许我们的心灵就可以相通了。"

迈克一时觉得再说什么都显得苍白无力，就沉默了一会儿才说："是的，你的鞋子触动了我的心。在一定程度上，你也让我知道，人最重要的是自己的内心。"

梦想是看不见的，但具有永恒的价值

对于人们来说，心灵现实也是一种现实。尤其是人生理想，它的实现方式只能是变成心灵现实，即一个美好而丰富的内心世界，以及由之所决定的一种正确的人生态度。除此之外，你还能想象出人生理想别的实现方式吗？我们的生命不过跟编织一样，先要设计出内心理想的图案，然后才能有了编织的标准，正如编织生命，要有所梦想，向往着梦想，坚持着目标，坚定地走下去，这样才能演绎出精彩而美丽的人生。

人生理想是精神的指路灯塔，永远照耀着人生的航程。茫茫宇宙，漫漫人生，为什么有的人能长期奋斗，给自己创造成就，给人类带来光明，成为成就卓越乃至伟大者，而有的人却庸庸碌碌、无所作为？这之间的天壤之别在于：前者心中有一盏人生大目标的长明灯，后者心中却是一片蒙昧或灰暗。世界在不断地变化。人生漫长几十年，谁也不能准确预料未来几十年世界究竟会变成什么样子，你周围生活的环境，你的身家性命将会如何演变。这些不测的因素很多，谁也不能完全把握这个世界和自己的人生。尤其是青年人，缺乏人生阅历，更不知如何去预料和把握未来的世界和人生。如果你没有人生理想这盏明灯，你们就可能在变化中的世界里迷失，不知不觉走向失败的人生。然而，如果我们心中有一盏明灯，有了人生的理想追求，那么，我们就有一个强有力的精神支柱，我们的人生就会变得有意义，我们就不怕漫漫长夜，不怕世界的变化、社会的变迁、身世的坎坷。

当然你的梦想要合理和具体可行，不要好高骛远，空做摘星美梦。比如你天生一副乌鸦嗓子，就别梦想变成画眉鸟！还有，你要记住，就算你无法达到这个目标也并非世界末日。布朗宁曾说："如果凡人所梦想的都唾手可得，那还要有天堂干吗？"

萧伯纳有一句名言："一般人只看到已经发生的事情而说为什么如此呢？我却梦想从未有过的事物，并问自己为什么不能呢？"年轻人尤其应该有梦想、有希望，因为奋斗的过程和达到目标一样，都能使人产生无比的快乐。你要有勇气梦想自己能成为一位名医、明星、杰出的科学家或作家等，而且要全力以赴，奔向理想。

一张早已安置好的滤网，过滤出我们所看到的世界

信念是一种指导原则和信仰，让我们明了人生的意义和方向；信念人人可以支取，且取之不尽；信念像大脑的指挥中枢，照着所相信的，去看事情的变化。如果你相信会成功，信念就会鼓舞你达成，如果你相信会失败，信念也会让你经历失败。

据说，清末时梨园中有"三怪"，他们都是因为抱着坚定的信念，勤学苦练后才成了名角。

一位是盲人双阔，自小学戏，后来因疾失明，从此他更加勤奋学习，苦练基本功，他在台下走路时需人搀扶，可是上台表演却寸步不乱，演技超群，终于成为一名功深艺湛的武生。

另一位是跛子孟鸿寿，幼年身患软骨病，身长腿短，头大脚小，走起路来不能保持身体平衡。他暗下决心，勤学苦练，扬长避短，后来一举成为丑角大师。

还有一位哑巴王益芬，先天不会说话，平日看父母演戏，

一一默记在心，虽无人教授，但他每天起早贪黑练功，常年不懈。艺成后，一鸣惊人，成为戏园里有名的武花脸，被戏班奉为导师。

"梨园三怪"都身有残疾，他们为什么能够成大器呢？这是因为他们不被自己的缺陷所压服，身残的压力让他们更加坚定了人生的信念，看似失败的人生，实际上还有通向成功的希望，他们身残志坚，扬长避短，再加上不断奋斗，于是他们从奋斗中创造了最好的自己，同时也成就了一番事业。

坚强的信念是一种重要的心理"营养素"。在人生的旅途中，人们常常会遭遇各种挫折和失败，会陷入某些意想不到的困境，这时，信念便犹如心理的平衡器，它能帮助人们保持平稳的心态，并能防止人们因坎坷与挫折而偏离了正确的轨道，误入心理的盲区。

有坚定信念的人相信自己无论决定做什么，都会实现。人如果有了信念，就有了奔赴成功的动力，美国《信念的魔力》一书中提道："信念是始动力，能够产生把你引向成功的无穷力量：它往往驱使一个人创造出难以想象的奇迹。"也因此有人会说：信念是人生成功的第一要素。

信念，是托起人生大厦的坚强支柱。在人生的旅途中，不可能总是一帆风顺、事遂人愿。对一个有志者来说，信念是立身的法宝和希望的长河。信念的力量在于即使身处逆境，亦能帮助你扬起前进的风帆；信念的伟大在于即使遭遇不幸，亦能召唤你鼓起生活的勇气。信念，是蕴藏在心中的一团永不熄灭的火焰。信念，是保证一生追求目标成功的内在驱动力。信念的最大价值是支撑人对美好事物孜孜以求。坚定的信念是永不凋谢的玫瑰。是的，这是信念的力量！这是精神的力量！

进取心是一种极为难得的美德

在数不胜数的人群中，真正有出息的人没有几个。在人生的整个阶段中，始终都存在一个不断学习、不断努力奋斗的话题。人不管到了什么年龄，同样都面临着一个"不进则退"的法则。

有这样一则寓言：两只青蛙觅食中，不小心掉进了路边一只牛奶罐里，牛奶罐里还有不多的牛奶，但是足以让青蛙们体验到什么叫灭顶之灾。一只青蛙想："完了，完了，全完了，这么高的一只牛奶罐啊！我是永远也出不去了。"于是，它很快就沉了下去。另一只青蛙在看见同伴沉没于牛奶中时，并没有绝望、放弃，而是不断告诉自己："上天给了我坚强的意志和发达的肌肉，我一定能够跳出去。"它无时无刻不在鼓起勇气，鼓足力量，一次又一次奋起、跳跃——生命的力量与美展现在它每一次的拼搏与奋进里。

不知过了多久，它突然发现脚下黏稠的牛奶变得坚实起来，原来，它的反复践踏和跳动，已经把液状的牛奶变成了一块奶酪！不懈的奋斗和挣扎终于换来了一条新出路。它借这条路从牛奶罐里轻盈地跳了出来，重新回到绿色的池塘里，而那一只沉没的青蛙就那样留在了那块奶酪里，它做梦都没有想到会有机会逃离险境。

拿破仑·希尔告诉我们，"进取心能驱使一个人在不被吩咐应该去做什么事之前，就能主动地去做应该做的事。"胡巴特对"进取心"做了如下的说明：

"这个世界愿对一件事情赠予大奖，包括金钱与荣誉，那就是'进取心'。"

"什么是进取心？我告诉你，那就是主动去做应该做的事情。"

"仅次于主动去做应该做的事情的，就是当有人告诉你怎么做时，要立刻去做。"

"更次等的人，只在被人从后面踢时，才会去做他应该做的事，这种人大半辈子都在辛苦工作，却又抱怨运气不佳。"

"最后还有更糟的一种人，这种人根本不会去做他应该做的事，即使有人跑过来向他示范怎样做，并留下来陪着他做，他也不会去做。他大部分时间都在失业中，因此，易遭人轻视，除非他有位有钱的老爸。但如果是这个情形，命运之神也会拿着一根大木棍躲在街头拐角处，耐心地等待着。"

你属于上面的哪一种人呢？不管你属于哪一种人，他最后总结出，只有能克服不可思议的障碍及巨大的失望的人才能获得致富的成功。

世界巨富巴特勒就是依靠积极的进取心才实现了自己的财富梦想。

巴特勒年少时，家里非常穷。他家一共7个孩子，为了生活，5岁的巴特勒就参加劳动，9岁时就开始像大人一样赶骡子。可是有一天，母亲的一番话改变了巴特勒的一生："巴特勒，我们不应该这么穷。我不愿意听到你们说，我们的穷是上帝的意愿。我们的贫穷不是上帝的缘故，而是因为你们的父亲从来就没有产生过致富的欲望。不仅是你们的父亲，我们家里任何人都没有产生过出人头地的想法。"母亲的话沉重地撞击着巴特勒的心房。于是他走出家门，通过努力奋斗，终于实现了创造财富的梦想。

俄国戏剧家斯坦尼斯拉夫斯基以《一个偶然发现的天才》为题，讲述了这样一件事：斯坦尼斯拉夫斯基排练一场话剧时，女主角忽然不能演出。但他实在找不到人，只好叫自己的大姐来担任这个角色。可是，他的大姐以前只是帮忙做些服装准备之类的活儿，突然间要她演主角，由于羞怯、自卑，所以她排练时演得很差。这让斯坦尼斯拉夫斯基十分不满。

在一次排练时，斯坦尼斯拉夫斯基突然喊停。然后他厉声地对大姐说："如果女主角演得还是这样差劲，就不要再往下排了！"全场一片死寂，受到屈辱的大姐很久没有说出话来。

突然，她抬起头来坚定地说："接着练！"从此她一扫过去的自卑、羞怯、拘谨，演得非常自信、真实。斯坦尼斯拉夫斯基非常骄傲地说："从今以后，我们有了一个新的艺术家……"

可见，进取心对人的生命与社会尤为重要，它是生命中的动力。进取心是一种求知欲望，也有一些好奇心，想进一步获取新的知识，不断充实自己，提高自己，让自己能更好体现其价值。所有的科学家有一个共同点就是具有很强烈的进取心与好奇心，每个人都想成就一番事业，并争取留点痕迹给后人，这也就是进取心的动力。当然并非每个人都能获取成功，即便没有成功也要对世间有更深的了解与体验，这只有通过进取心才能实现。

不管生命到底有多长，你都可以安排自己的生活

你不能控制机遇，却可以掌握自己；你无法预知未来，却可以把握现在；你左右不了变化无常的天气，却可以调整自己的心情。只要活着，就有希望。有许多事情你是难以预料的。

电影制片企业家迈克·塔得，在60多年前就说过："你若不跨出第一步，就无法踏出第二步，这是一种带有希望的信念！"希望就是一切。你对人生的态度，将是你获得胜利的重要因素。面对害怕可以增加你个人的力量，自我怀疑和无助感则会减低你的振作力及竞争强度。你的人生观和保持希望的能力，会强烈地影响你向成功迈进的斗志。因为对于自己缺乏信心的绝望和无力感是只假老虎，所以当你面对担忧时，你可以不放弃。当接踵而来的困难障碍出现在你的生活中时，你是否还心怀希望？追求者不会丧失希望，他们会利用自己手中仅有的希望火种，战胜黑暗，摆脱困境，去创造一个光明的前程。

有位享誉医学界的医生，事业一帆风顺。但不幸的事情

来临了，他被诊断患有癌症。这对他来说当然备受打击。他一度情绪低落，但最终还是接受了这个残酷的事实，而且他的心态也发生了很大的变化，变得更宽容、更谦和、更懂得珍惜所拥有的一切。患病期间，他一方面努力工作，一方面与病魔做斗争。就这样，他已平安快乐地度过了好几个年头。有人对此感到很惊讶，就问到底是什么神奇的力量在支撑着他。这位医生笑着说："是希望。"在每一天的早晨，他都给自己一个希望，希望自己可以多救治一个病人，希望自己的微笑能感染每个人。这位医生做人的境界和医术一样高明。

每天给自己一个希望，就是给自己一个目标，给自己信心，给自己打气。希望是什么？是引爆生命潜能的导火线，是激发生命激情的催化剂。每天给自己一个希望，你的人生将会光芒四射、海阔天空。生命是有限的，但希望是无限的，只要你每天不忘给自己一个希望，你就一定能拥有一个丰富多彩的人生！那么今天的你怎样培养自己的希望呢？你不妨用下列方法试试：

（1）要跟比你优秀的人在一起。

（2）坚持每天抽出一点时间来反省和思考自己。

（3）要认识到组织共识的重要性。

（4）不要忘记送别人礼物，即使是一张小小的卡片。

（5）要守信用，重承诺，并且言行一致。

（6）凡事要分析出最差的情况。

（7）失败之后要及时总结。

（8）成功需要智慧。智慧是知识加上经验和不断的思考感悟而产生。

（9）成功需要不断学习，不怕学习。

（10）成功并不需要付出什么，而是要学会坚持什么。

（11）做每一件事情都要有期限。

（12）人无远虑，必有近忧。

（13）建立关系需要花时间，所以要有耐力和毅力。

（14）坚持花一些时间来研究你行业中的顶尖人物。

（15）不管你现在要做什么事，请立刻行动。

（16）你有哪些坏习惯？请坚持改正。

（17）要坚持到底，决不放弃。

（18）成功之钥——严格的自我操练。

（19）做人一定要诚恳，一定要感恩，也一定要诚实。

（20）销售是超级成功者必备的条件。

（21）说服是信心的传递，是情绪的转移。

（22）要学会随时随地结交朋友。

（23）不断地告诉自己："我喜欢我自己，我是最棒的。"

（24）当别人不购买你的产品的时候，你依然要感谢他。

（25）必须每个月存50%的收入。

（26）要培养自己的幽默感。

（27）要影响有影响力的人。

（28）要找出你恐惧什么，然后去解决它，并且坚持解决，直到成功。

最后过平衡式的生活，每天进步一点点，实现人生的希望。希望是属于你自己的，只有你活得有希望，在精神上有发现那份宁静，并与宇宙本体相会心的情怀，才会有永恒的安稳。但那是用你自己的生活和因缘去发现，去实现得来的，而不是在恪守教条刻板生活中得来的。活在希望中的人是幸福的、自在的、充实的。

逆水行舟，迎难而上，不给自己找借口

　　无论面对什么样的处境，无论面对什么样的事情，人们都不难为自己的退缩、躲避、放弃找到一些理由；但同时，人们也可以为自己的勇敢、坚强、执着找到更充足的理由。

　　前者是弱者的托词，后者是强者的品质。

　　斩断逃避责任的退路，这通常是一些人之所以从平凡中铸造非凡、从阴霾里走向阳光的关键所在。

　　给自己找到借口是非常轻松的事，但是却因此而降低了自己的生命质量。借口能使你轻松一时，却使你沉重一世。

　　借口是穿上新装的皇帝的谎言，好像可以遮羞，却无法遮丑。借口是人生的滑梯，让你感到下滑的快感，却无法让你品味上进的豪情！

　　借口是自残的精神鸦片，让你在轻松逍遥的幻象中耗蚀生命，却不能让你宝贵的生命绽放光华。

　　平庸者拥抱借口，高尚者承诺使命！

　　弱者总是快慰于当前，强者总是笑在最后！

要想使自己的人生灿烂辉煌，要想使自己的生命更有质量，就要学会：当有100条理由冒出来充当借口的时候，你还能找到第101条理由斩断借口！

在美国人的心目中，林肯是最有威望的总统之一。在卡耐基的一生中，他把林肯视为自己的楷模，汲取林肯的生活经验和奋斗精神，鼓励自己战胜困难、走向成功。

林肯从小生长在偏远的乡村丛林边，居住在一所地处旷野的简陋的小木屋里。他离学校很远，每天至少要走5里路，但他从来没有过迟到、旷课，从来不因路途远而耽误学习。

林肯十分喜爱读书，在阅读书籍的过程中，他的视野变得非常广阔，有了追求成功的梦想。由于自己没钱买书，他只好去向别人借。有一次，他向一个常请他帮忙挖树桩、种玉米的农民借阅了两三本传记，其中有一本《华盛顿传》，林肯看了此书后很着迷，傍晚借着月光看到很晚，第二天一大早，又迫不及待地拿起书来读。一天晚上下起暴雨，他不小心把书弄湿了，书的主人很生气，林肯只好以割捆3天的草料来作为赔偿。每次下田干活的时候，他也将书本带在身边，一有空闲就看书。中午他不与家人一同进餐，却一手拿着玉米饼，一手捧书，看书看得入神。

林肯的一生道路非常坎坷，但他从来没有放弃过，从来没有为自己的处境找过任何借口。如果林肯面对暂时的挫折就选择逃避，那么他可能只是一个普通的律师而不可能成为美国历史上伟大的总统。他的这种精神深深地鼓舞着卡耐基，卡耐基正是以他为榜样，才有信心一步一步地迈向成功之路的。

一个人真正的敌人就是自己，而借口又是人们走向成功最可怕的杀手。在追求成功的过程中，如果以各种借口为自己的过错开脱，第一次可能会沉浸在借口的快感之中，为自己带来暂时的舒适和安全而暗自庆幸。但这种借口所带来的"好处"会让自己第二次、第三次再为自己去寻找借口，因为在自己的思想里，已经把寻找借口当成了一种习惯。

人一旦养成了找借口的习惯，工作就会拖沓，做事就没有效率，成功就会受阻。即使自己失败了，也会为自己找到一个非常好的借口开脱。在失败面前，任何借口都是推卸责任。一个人是选择承担责任，还是选择寻找借口，很大程度上决定了一个人是失败还是成功。懦弱的人选择寻找借口，自信的人选择承担责任。

在日常生活中，人们经常使用的借口有：首先，"我很忙"。许多人总是抱怨自己的时间不够用，但他们却没有意识到自己浪费了很多时间。仔细一想，每天自己花了多少时间在看电视、打电话、休闲、娱乐上，而又花了多长时间在工作上。如果发现自己没有时间，最好把自己运用时间的方式做个记录，这时，就会对自己仍然有那么多可用的时间而感到惊讶。其次，"竞争太激烈了"。没有竞争就没有成功，自信的人从不怕挑战，相反，把竞争当成自己前进的动力，当一个人觉得竞争激烈时，就会挖掘出自身的潜质来，从而使自己脱颖而出。不敢面对竞争的人也是不自信的人，所以也不会成功。再次，"我年纪太大了"。年纪并不能阻碍人们前进，只有不思进取的人才会用这种借口掩饰自己。美国前总统布什在72岁那年，生平第一次从飞机上跳伞落地，有人曾劝他不要冒险逞强，他却不同意，他坚信自己能够成功。实践证明，他确实成功了。

人是一个把理由看得比事情本身更重要的动物。想做事的人想办法、不想做事的人找借口。一个人一旦找到合理的借口，走向成功的信念就会受到动摇，在挫折、困难面前，要成功，绝没有借口；有借口，绝不会成功。只有失败者才会为粉饰自己失败的行为而四处寻找借口。成功者永远只会专注于找方法。

人的一生会遇到无数苦恼，也会面临无数机会

　　心态指人的各种心理品质的修养和能力。具体地讲，心态就是人的意识、观念、动机、情感、气质、兴趣等心理素质的某种体现。它是人的心理对各种信息刺激做出反应的趋向，而这种趋向对人的思维、选择、言谈和行动具有导向和支配作用。正是这种导向和支配作用决定了人们事业的成败，决定了人们的命运。

　　有两位年届七旬的老太太，一位认为到了这个年纪可算是人生的尽头，于是开始料理后事；另一位却认为一个人能做什么事不在于年龄的大小，而在于怎么想，于是，她在70岁高龄之际开始学习登山，以95岁高龄登上了日本的富士山，打破攀登此山年龄最高的纪录，她就是著名的胡达·克鲁斯。所以说：心态决定思维，心态决定行动，心态决定成功和失败，心态决定一个人的命运。一位伟人说："要么你去驾驭生命，要么是生命驾驭你；你的心态决定了谁是坐骑，谁是骑师。"

　　掌控情绪，是走向成功的第一步。这需要每个人花费大量

的精力去分析、判断、归纳、总结。每一个步骤，不是亲人、朋友所能代替的，而需要你自己做出理智的抉择，即你的人生完全由你控制。

当你的心填满愤怒、憎恨、孤独、空虚，你怨天尤人；被误解、轻视、责难、攻击，你满腹牢骚。于是，你否定了自己，逐渐消沉。当你觉得兴奋、欢欣、幸运，你得意忘形；被赞扬、肯定、赏识、重用、提拔，你目中无人，不可一世。于是，你扼杀了自己的前途，一败涂地。出现挫折，你愁眉苦脸；偶有胜利，你忘乎所以。于是，你完全失去了自我控制的理智。毫无疑问，坏情绪会毁了人的一生。

大思想家詹姆斯说："我们这一代最伟大的发现，就是人类可以凭借改变态度而改变自己的命运。""凭借改变态度而改变自己的命运"，这是一个很重要的命题，那么如果我们能够保持积极的心态，掌握自己的思想，并引导它为自己明确的目标效力的话，便可以享受下列成果：

为你带来成功的意识；

引发健康的心理；

能表现自我的工作；

内心非常平静和充实；

没有恐惧；

建立信心；

使自我免于陷入困境；

能够了解自己和他人的智慧。

可见，积极的心态是获得财富、成功、幸福和健康的力量，可以使人攀登到人生的顶峰。让我们举一个事例：有一个人，22岁做生意失败；23岁竞选州议员失败；24岁重操旧业做生意赔得一无所有；26岁，情人死去；27岁精神崩溃，几乎住进疯人院；29岁再次竞选州议员，再次失败；31岁竞选国会议员失败；39岁再次竞选国会议员，再次失败；46岁竞选参议员失败；47岁竞选副总统失败；49岁再次竞选参议员，再次失败。他就是美国总统——亚伯拉罕·林肯。而他的人生信条是：永不言败。他始终相信他终有一天会成功的。最终，他在51岁时竞选总统成功，干成了一番永垂史册的伟业，成为美国历史上与开国元勋华盛顿齐名的最伟大的总统。

当今社会是一个开放的竞争社会，每个人都要在这个激烈的社会环境中求生存、图发展。重要的是人们要及时调整自己的心态，顺应时代的变革，让自己拥有健全的人格、良好的社会适应能力，面对困难挫折坦然处之，不管发生了什么不幸的事情，也要抱着积极的人生信念。我们不能左右风的方向，但我们可以调整船的风帆。成功是由那些抱着积极心态的人所取得的，并由那些以积极心态努力不懈的人所得到。奇迹也是凡人创造的。成功人士的首要标志是他想问题的方法。一位成功者说过，百分之九十的失败者其实不是被别人打败，而是自己选择了放弃。

一个人如果积极思考，喜欢接受挑战和应付麻烦事，那他就成功了一半。其实，人与人的差别只是一点点，但这小小的差别所导致的结果截然不一样。成功人士与失败者之间的差别是：前者始终用最积极的思考、最乐观的精神和最辉煌的经验支配和控制自己的人生；后者刚好相反，他们的人生是受过去的种种失败与疑虑所引导支配的。